rororo

RENÉ WADAS

MIT DEM PFLANZENARZT DURCHS GARTENJAHR

Ein immerwährender Begleiter
für glückliche und gesunde Pflanzen

Rowohlt Taschenbuch Verlag

Originalausgabe
Veröffentlicht im Rowohlt Taschenbuch Verlag,
Hamburg, Februar 2023

Covergestaltung zero-media.net, München
Coverabbildung Patrice Kunte; FinePic®, München
Satz aus der Dolly bei Dörlemann Satz, Lemförde
Druck und Bindung GGP Media GmbH, Pößneck
ISBN 978-3-499-01018-7

Die Rowohlt Verlage haben sich zu einer nachhaltigen Buchproduktion verpflichtet. Gemeinsam mit unseren Partnern und Lieferanten setzen wir uns für eine klimaneutrale Buchproduktion ein, die den Erwerb von Klimazertifikaten zur Kompensation des CO_2-Ausstoßes einschließt.
www.klimaneutralerverlag.de

FSC www.fsc.org MIX Papier | Fördert gute Waldnutzung FSC® C014490

Ob im Wohnzimmer, auf dem Balkon, der Terrasse oder im eigenen Garten – mit diesem Kalender möchte ich Sie durchs Jahr begleiten. Meine Erfahrungen, die ich in fast dreißig Jahren als Gärtnermeister und Pflanzenarzt gesammelt habe, gebe ich hier gern weiter – wie immer biologisch, naturnah und ohne chemischen Pflanzenschutz. Ich zeige Alternativen zum Plastikblumentopf und zu mineralischem Dünger auf, möchte Anregungen geben, wie Sie nachhaltiger werden können, denn selbst kleinste Veränderungen bei der Gartenarbeit haben große Auswirkungen auf unser Ökosystem.

Sammeln Sie selbst Erfahrungen, machen Sie sich Notizen darüber, was Ihnen aufgefallen ist, halten Sie fest, was Sie ausprobieren möchten, welcher Einfall Ihnen gerade gekommen ist. Dieser Kalender ist zeitlos, die Jahreszeiten entsprechen den astronomischen, Sie können ihn also noch im nächsten und in all den kommenden Jahren benutzen (einschließlich Schaltjahr). Auch der Kalender ist somit nachhaltig.

Die Natur steckt noch voller Geheimnisse, entdecken wir sie gemeinsam.

Ihr René Wadas

JANUAR

Zimmerpflanzen sind eine Art Ersatzgarten

Zeit der Versprechen

Das Gartenjahr beginnt immer schneller als gedacht. Deshalb überlege ich jedes Neujahr, wie es weitergehen soll, gehe gedanklich querbeet durch die Natur. Gärten, überhaupt jedes Kümmern um Pflanzen, sind Teil unserer Kultur. Und aus diesem Grund nehme ich mir die Zimmerpflanzen in unserem Haus vor. Im Winter sind sie, grün oder blühend, eine Art Ersatzgarten. Ich bewaffne mich also mit einem feuchten Tuch und Wedel, um die Blätter von Staub zu befreien. So können sie besser die lebensnotwendige Fotosynthese absolvieren. Aus Licht, Wasser und Kohlendioxid entstehen dann in der Pflanze Glukose und Sauerstoff.

WAS IST ZU TUN?

VIEL LICHT
Jedes Blatt sorgfältig abwischen und kranke und vertrocknete Blätter unbedingt entfernen.

WENIG WASSER
Sparsam gießen, denn Pflanzen kommen in der dunklen Jahreszeit mit wenig Wasser aus.

MEIN TIPP
Wenig bis gar nicht düngen, da Pflanzen im Winter kaum Nährstoffe aufnehmen können.

Notizen, Ideen & Erfolge

....

....

....

Böse Überraschungen vermeiden

Auch im Winter sind Schädlinge unterwegs

Pflanzen in der Wohnung oder in kühlen Räumen zu überwintern ist immer auch ein heikles Thema. So schert es die meisten Schädlinge wenig, dass sich viele Pflanzen jetzt in der Winterruhe befinden, sie selbst sind aktiv unterwegs. Insbesondere dann, wenn das Wohnzimmer zum Dschungel geworden ist. Es empfiehlt sich daher, regelmäßig eine Kontrolle durchzuführen. Die eine oder andere kleine Spinne ist man ja bereit zu akzeptieren, doch werden die Schäden zu groß, könnte man aus der Haut fahren. Aber dagegen lässt sich etwas tun.

WAS IST ZU TUN?

SCHAU HIN
Die meisten Schädlinge sitzen versteckt unter den Blättern.

FINGERPROBE
Schädlinge vermehren sich gern bei Feuchtigkeit. Die oberste Erdschicht sollte vor dem nächsten Gießen immer trocken sein. Mit dem Finger lässt sich die Bodenfeuchte fühlen.

PFLANZENTANZ
Damit die Pflanzen gleichmäßig wachsen und nicht schräg zum Licht, sollten sie öfter gedreht werden. Dann fallen sie auch nicht so schnell um, denn so wird eine einseitige Wachsrichtung vermieden.

Notizen, Ideen & Erfolge

....

....

....

Hadern mit ungewollten Flugobjekten

Trauermücken taumeln wie Betrunkene

Die kleinen dunklen Zweiflügler (*Sciaridae*) fliegen manchmal in Scharen um die Töpfe. Ihre Larven ernähren sich von verrottendem organischem Material in der Erde. Weil ihre Lebensdauer kurz ist, legen die Weibchen immer wieder Eier in die Erde, die zukünftigen Generationen sollen ja gesichert sein. Die ersten Larven schlüpfen schon nach vier Tagen. Bei warmem und feuchtem Klima fühlen sich die Larven pudelwohl, und bei einem sehr starken Befall werden sogar die jungen Wurzeln angefressen. Blumenerden haben heute einen großen Anteil an Grünkompost, ideales Futter für die Trauermücken-Kinderstube. Der Familienzuwachs ist dann garantiert.

WAS IST ZU TUN?

KEIN WASSER
Die Larven der Mücken können sich mit der Kapillarkraft, die Flüssigkeiten nach oben steigen lässt, fortbewegen. Wird diese unterbrochen, sind die Larven wenig beweglich und verhungern.

SCHROT
Neemschrot oder ein Neem-Konzentrat (aus dem Neem-Baum gewonnen) sorgen dafür, dass die Mücken ihre Fraßtätigkeit einstellen und verhungern.

MEIN TIPP
Gelbtafeln sind mit Leim bestrichen und fangen die erwachsenen Tiere ab, so wird eine erneute Eiablage verhindert.

So helfen wir den Brombeeren gut durch den Winter

Beeren brauchen im Winter Schutz

Starker Frost schadet den Brombeerpflanzen (*Rubus fruticosus*), die zur Familie der Rosengewächse zählen. Sollte es draußen eisig werden, am besten die Ruten auf den Boden ablegen und sie mit Stroh oder Mulch abdecken. Großfruchtige Sorten sind besonders anfällig, wenn die Temperaturen unter minus 10 Grad Celsius sinken. Dann ist der Boden tiefgefroren, die wintergrünen Ruten verdunsten Wasser und können durch den Frost kein Wasser nachziehen, sodass sie vertrocknen. Im Frühjahr werden die Ruten wieder hochgebunden.

WAS IST ZU TUN?

SCHATTIERNETZ
Am einfachsten lassen sich Brombeeren vor dem Vertrocknen schützen, indem man sie mit Kokosfaser oder Schattiernetzen abdeckt. Gibt es im Handel.

SCHNEIDEN
Trockene und kranke Triebe bodennah abschneiden und entsorgen.

DÜNGUNG
Brombeeren kann man mit Kompost abdecken und gleichzeitig düngen.

Notizen, Ideen & Erfolge

....

....

....

Es gibt sie in Rot, Schwarz und sogar Weiß: Johannisbeeren

Mit der Farbe wechselt der Geschmack, vitaminreich sind sie alle

Johannisbeeren (*Ribes*) sind als Saft köstlich und ein Superfood, weshalb sie in keinem Garten fehlen sollten. Doch die Sträucher müssen regelmäßig ausgedünnt werden, damit sie luftig bleiben. Beim Zurückschneiden möglichst viel hellfarbiges Holz stehen lassen und nur das dunkle, alte herausschneiden. Am hellfarbigen Holz sind im Frühsommer die Beeren dran. Johannisbeeren lassen sich durch Steckhölzer vermehren, dazu 30 cm lange helle Stücke von den Sträuchern abnehmen und in ein Erdloch legen. Im März werden die Steckhölzer wieder rausgeholt und einzeln in einem Abstand von 20 cm in die Erde gesteckt.

WAS IST ZU TUN?

AUSDÜNNEN
Alle Triebe, die älter als vier Jahre sind, sollten bodentief abgeschnitten werden.

STÄRKEN
Um die Pflanzen zu stärken, sollten sie mit einem gut durchgereiften Kompost gemulcht werden. Das bringt frische Nährstoffe und verhindert ein schnelles Austrocknen der Triebe.

VERMEHREN
Nicht zu viele Steckhölzer zur Vermehrung abschneiden, denn an den Hölzern wachsen auch die Früchte. Und auf die möchte man ja nicht verzichten.

Auch wenn's schwerfällt, der Weihnachtsbaum muss raus

Das Desaster mit der grünen Lücke

Bei uns zu Hause fliegt jetzt der Weihnachtsbaum raus, und natürlich sieht das gemütliche Wohnzimmer danach überhaupt nicht mehr gemütlich aus. Da kann es angebracht sein, noch die eine oder andere Zimmerpflanze in die Wohnung zu stellen. Empfehlen kann ich hier die Efeutute (*Epipremnum pinnatum*), eine Pflanze, die die Zimmerluft reinigt und dafür sorgt, dass im Winter die Raumluft feuchter wird. Die Efeutute mit ihrer Blätterpracht kann mehr Nikotin aus der Luft filtern, als die Tabakpflanze von Natur aus enthält. Darum fand man sie früher in so manch verrauchter Kneipe.

WAS IST ZU TUN?

STANDORT
Die Efeutute begnügt sich mit einem halbschattigen Standort, direkte Sonne liegt ihr nicht so. Steht sie dunkel, so wird die Marmorierung der Blätter schwächer.

PFLEGE
In der Sommerzeit alle zehn Tage mit einem handelsüblichen Zimmerpflanzendünger versorgen.

BESONDERHEIT
Die Efeutute ist eine Rankpflanze, die in einer Blumenampel voll zur Geltung kommt. Wie Rapunzel kann sie ihre Kletterranken bis zu 10 Meter tief fallen lassen.

Notizen, Ideen & Erfolge

....

....

Ein Selbstversorger-Garten bedeutet, sich selbst mit Arbeit zu versorgen

Gemüse aus dem eigenen Garten – wer träumt nicht davon?

Wer sich mit jungem Gemüse aus dem eigenen Garten komplett selbst versorgen möchte, fragt sich sicher, wie viel Fläche dazu gebraucht wird. Grundsätzlich gilt: Mindestens 50 Quadratmeter Fläche pro Person wären schon gut. Das setzt aber eine ganz intensive Nutzung voraus. Die Hauptarbeit erstreckt sich auf fünf Monate, also von März bis Juli. Bis die Ernte eingefahren werden kann, würde ich 200 Arbeitsstunden veranschlagen. Man sollte sich also fragen: Halte ich das durch? Ist diese Arbeit wirklich das Richtige für mich? Bevor die Gemüsesaison beginnt, kann man sich all das jetzt in Ruhe überlegen.

WAS IST ZU TUN?

GÖNNEN KÖNNEN
Wichtig ist, mit anderen Lebewesen teilen zu können. Man muss bereit sein, einen Teil der Ernte der Natur zu überlassen. Dann kann man auch öfter chillen.

SCHEITERN
Was als Erstes zu akzeptieren ist: Nicht immer klappt es von Anfang an mit der großen Ernte. Geduld ist eine hervorragende Eigenschaft beim Gärtnern – und Lust zum Beobachten.

BIOGÄRTNERN
Der Verzicht auf chemische Pflanzenschutzmittel ist ein Muss. Gesundes Obst und Gemüse wachsen nur in einem Biogarten.

....

....

....

Bäume können durch Frost Schaden nehmen

Durch Frostrisse löst sich die schützende Rinde von den Bäumen

Der Winter ist alles andere als eine «tote Saison». Denn wer Pflanzen und Bäume in dieser kalten Jahreszeit sich selbst überlässt, läuft Gefahr, dass sie Schaden nehmen. Jetzt können wir dafür sorgen, dass es keine Frostrisse an Obstbäumen gibt. Sie finden sich meist an der Südseite der Stämme und entstehen bei starker Bestrahlung durch die Wintersonne und Nachtfröste. Dagegen hilft ein Kalkanstrich der Stämme – dieser wirft die Strahlen zurück, sodass sie nicht auf die Rinde einwirken und diese nicht zum Platzen und Aufreißen bringen können.

WAS IST ZU TUN?

KALKSCHLÄMME
Für den Anstrich: 10 l Wasser, 1 l Tapetenkleister ohne Zusatzstoffe und 1,5 kg fein gepuderten Kalk vermengen. Die Mischung sollte eine flüssige Konsistenz haben, flüssiger als Wandfarbe.

LEHMMANTEL
Eine Alternative zum Kalkanstrich: Die Baumrinde kann auch mit flüssigem Lehm ummäntelt werden.

JUTEVERBAND
Und noch eine Option, je nach eigener Vorliebe und vorhandenen Materialien: Alternativ können die Stämme junger Bäume mit Jute umwickelt werden.

Notizen, Ideen & Erfolge

....

....

....

Das Gold des Gärtners ist der Kompost

Damit der Kompost reift, muss er umgesetzt werden

Die beste Fitness im Januar ist das Umsetzen des Komposts, denn das Gärtnergold wird nur dann richtig gut, wenn wir es richtig pflegen. Im Winter sollte man den Kompost deshalb einmal umsetzen, dabei kommt alles, was bisher außen war, nach innen, und umgekehrt. Sollte der Kompost gefroren sein, ist das überhaupt kein Problem: Die gefrorenen Stücke mit einem Spaten abschlagen und im Inneren des neuen Haufens stapeln. Das lockert den Kompost auf und sorgt für eine gute Durchlüftung, was wiederum die beste Voraussetzung für die Rotte ist.

WAS IST ZU TUN?

UMSETZEN
Am besten hat man zwei Haufen oder Komposter, die umgesetzt werden. Einen für den reifen und einen für den frischen Kompost.

KEIN ESSEN
Essensreste aus der Küche sollten keinesfalls auf dem Kompost landen, das lockt nur Ratten an.

KANNE WASSER
Feuchtigkeit sorgt dafür, dass der Verrottungsprozess am Laufen gehalten wird. Deshalb regelmäßig eine Gießkanne voll Wasser über den Kompost geben. Urgesteinsmehl macht ihn edel.

Asche auf den Kompost? Ja, aber nur Holzasche

Verursacht Kaminasche Schaden an meinen Pflanzen?

Im Winter wird viel geheizt, auch in Öfen und Kaminen, da fällt dann Holzasche an. Holzasche ist ein wichtiger Bodenverbesserer, sie gehört in dieser Jahreszeit nicht auf die Beete, sondern auf den Komposthaufen, der noch voll in der Rotte ist. Bei diesem Thema scheiden sich die Geister. Ich habe aber die Erfahrung gemacht, dass die Wirkung im Komposthaufen viel besser ist, als wenn ich die Asche direkt auf meine Beete bringe. Die Menge macht die Wirkung aus, also nicht übertreiben.

WAS IST ZU TUN?

KALIUM
Asche verhindert einen Kaliummangel. Durch Wasser wird der Mineralstoff, der den Wasserhaushalt der Pflanzen reguliert, im Kompost aufgelöst. Knackiges Gemüse ist garantiert.

KALK
Der Kalk in der Asche hebt den pH-Wert, eignet sich besonders bei sauren Böden und sorgt dafür, dass Früchte und Gemüse besonders lagerfähig sind.

PHOSPHAT & EISEN
Phosphat und Eisen stabilisieren die Wurzel und sorgen für eine gute Fruchtbildung. Für ein kräftiges und gesundes Pflanzenwachstum ist so gesorgt.

Notizen, Ideen & Erfolge

....

....

....

Manchmal dürfen wir im Garten auch Mist machen

Wenn es draußen gefroren hat, geht's los

Ist der Boden trittfest gefroren, ist das der Zeitpunkt, um Mist, Kompost oder auch Jauchen auszubringen. Mein Tipp: Auch die Beerensträucher freuen sich im Winter über eine Kompostgabe. Im Frühjahr lässt sich der Mist dann sehr leicht in den Boden einarbeiten. Das spart viel Geld, denn so benötigen wir keinen mineralischen Dünger. Manche vertreten die Meinung, der Dünger müsse bei frostfreiem Boden ausgebracht werden. Bei Frost besteht jedoch der Vorteil, dass Parasiten und Krankheitserreger abgetötet werden, auch sprengt er gröbere Teilchen, sodass der Kompost dann im Frühjahr fein und krümelig ist und den Pflanzen sofort zur Verfügung steht.

WAS IST ZU TUN?

PFERDEMIST
Pferdemist ist perfekt für die Humusbildung und absolut schonend für den Gartenboden.

KOMPOST
Kann zusätzlich im Frühjahr untergegraben werden. Überall, wo Wurzelgemüse gesät wird, kommt kein Kompost in den Boden. Die Saat verträgt es nicht.

JAUCHEN
Jauchen aus dem Stall sollten mit Bedacht ausgebracht werden, um Nitrat zu minimieren (Nitrat kommt durch den Urin der Tiere in die Jauche). Der Stickstoff ist ein guter Dünger, aber weniger ist auch hier mehr.

Nicht aus den Augen verlieren: Regenfässer

Regentonnen füllen sich auch im Winter mit Wasser

Regelmäßig sind die Regenfässer zu kontrollieren, denn durch Schneefall oder Regen kann sich immer noch Wasser sammeln. Wird es dann richtig frostig, gehen sie schnell kaputt. Wer keine Lust hat, ständig nachzuschauen, sollte die Tonnen unbedingt auf den Kopf stellen, sodass sich kein Wasser in ihnen sammeln kann. Noch ein Tipp: Moos kann die Gießwasserqualität enorm verbessern. Einfach immer wieder ein paar Hände voll Moos in die Regentonne geben – und alle zehn Tage wiederholen (das alte Moos aber vorher rausfischen).

WAS IST ZU TUN?

REGENTONNEN
Stabile Regenfässer kann man hervorragend mit schwerer Teichfolie abdecken.

WASSERABLAUF
Wasserabläufe können im Winter durch Laub verstopfen. Immer mal wieder überprüfen, ob noch alles gut abfließt.

PLASTIKFÄSSER
Plastiktonnen sollten im Winter auf jeden Fall auf den Kopf gestellt werden. Das Plastik ist sehr empfindlich und geht rasch kaputt. Auch sind sie vor Sturm zu schützen.

Notizen, Ideen & Erfolge

....

....

....

Gartenbücher motivieren und inspirieren

Weisheiten über die Natur

Wenn es draußen stürmt und schneit und das Wetter alles andere als schön ist, kann man die Hände an einem Glas Tee wärmen und ein paar gute Gartenbücher oder Fachzeitschriften durchstöbern. Hier gibt es Tipps, wie man die Erträge erhöht oder was man zur gesunden Erhaltung von Pflanzen beitragen kann. Pflanzenkrankheiten vorzubeugen ist immer leichter, als kranke Pflanzen zu heilen. Schädlinge sollte man kennen und erkennen können. Auch ist es gut, über die Klimaveränderungen Bescheid zu wissen, denn nicht weniger als der Fortbestand der Menschheit und das Schicksal der Tiere und Pflanzen werden davon abhängig sein.

WAS IST ZU TUN?

BOTSCHAFTEN
Burkhard Bohne leitet den Arzneipflanzengarten der TU Braunschweig. Sein Buch *Die Botschaft der Pflanzen* ist wichtig für alle, die wissen wollen, was Pflanzen uns zu sagen haben.

LEIDENSCHAFT
Der Schweizer Andreas Honegger ist ein leidenschaftlicher Gärtner, der seine Erfahrungen in dem Buch *Von fiesen Schädlingen, duftenden Kräutern und üppigen Blumen* gern teilt.

DER PFLANZENARZT
Wer wissen möchte, wie ein gesunder Garten ohne Chemie funktioniert und dazu auch noch kostengünstig, dem empfehle ich meine Bücher.

Was zu früh blüht, kann leider erfrieren

Spätfrost zerstört bei Obstbäumen die Blüte

Ein einfacher Trick, um die Blütezeit von Obstbäumen zu verzögern: den Boden mit Stroh oder einer dichten Laubschicht abdecken. Die Abdeckung sollte vorgenommen werden, wenn der Boden noch durchgefroren ist. Sie verhindert, dass die Erde vorzeitig auftaut. Auf diese Weise wird der Austrieb etwas hinausgezögert, sodass sich die Blütenknospen später entfalten. Manchmal ist ein Aufschub von einigen Tagen schon ausschlaggebend, damit die Blüten nicht erfrieren und die Obsternte ausfällt.

WAS IST ZU TUN?

PFIRSICH
Pfirsichbäume lassen sich vor Sonneneinstrahlung mit Strohmatten schützen – so kommen sie nicht so rasch auf die Idee, ihre Blüten auszutreiben.

APRIKOSE
Bei den besonders empfindlichen Aprikosenbäumen hilft es, einen Blühschutz hauptsächlich an der Südseite aufzustellen.

ECHTE MANDEL
Echte Mandelbäume sind an sich gut gegen Frost gewappnet, aber nicht ihre Blüten. Und da sie sehr früh blühen, sind sie spätfrostgefährdet. Wichtig ist, eine Bodenerwärmung zu verhindern.

Jetzt den Geschmack des Frühlings aufs Brot holen

Kräuter aus dem Garten direkt auf die Fensterbank

Schnittlauch, der draußen im Garten gewachsen und vielleicht sogar durchgefroren ist, kann man mit einer Schaufel ausbuddeln. Diese Pflanze ist nicht wintergrün, aber ihre Zwiebeln scheren sich wenig um Frost. Selbst eine Temperatur von minus 25 Grad Celsius wird noch stoisch hingenommen. Die Zwiebeln in einen Topf pflanzen und auf die Fensterbank stellen. Nach kurzer Zeit sieht man die ersten würzigen Triebe, die wir dann ernten und auf dem Butterbrot essen können.

WAS IST ZU TUN?

PETERSILIE
Petersilie im Topf braucht einen hellen Standort und regelmäßig Dünger, damit sie nicht gelb wird.

BASILIKUM
Basilikum zählt zu den beliebtesten Kräutern. Als Pflanze des Mittelmeers liebt sie Dünger und einen hellen Standort. So hält sie lange. Immer nur einzelne Blätter ernten, nie ganze Stängel.

KRESSE
Kresse wird zum Ernten abgeschnitten – und dann war es das auch. Nachschub ist nur möglich, wenn man neu aussät. Sie ist sehr frostempfindlich, ins Freie darf sie erst, wenn der Boden gut und gerne 15 Grad Celsius hat.

Notizen, Ideen & Erfolge

....

....

....

Wildtiere fressen junge Bäume an

Ob Wühlmaus, Reh oder Kaninchen, im Winter haben sie Hunger

Die Stämme junger Obstbäume kann man durch ein Drahtgeflecht vor Wildverbiss schützen. Sind an den Bäumen schon Wunden erkennbar, müssen sie verschlossen werden, sonst dringen Kälte und Frost in den Stamm ein. Dazu eignet sich Jute oder Bast. Zweige mit kranken Blättern oder die Fruchtmumien (eingetrocknete Früchte an den Bäumen) sollten unbedingt abgesammelt und in der Mülltonne entsorgt werden, denn diese stecken voller Krankheitserreger, insbesondere Pilze, die sonst überdauern und im Frühjahr wieder präsent sind.

WAS IST ZU TUN?

DRAHTGEFLECHT
Ein biegsames Geflecht aus glattem Draht ist eine effektive Barriere für junge Bäume, um vor Fraßschäden sicher zu sein. Sind Rehe auf Futtersuche, sollte der Draht entsprechend hoch sein.

WOLLDÜNGER
Eine Alternative ist, gefährdete Pflanzen mit aufgelöstem Schafwolldünger zu übergießen. Er verdirbt Rehen und Kaninchen den Appetit auf ihr Futter.

BUTTERSÄURE
Nagende Wühlmäuse sind sehr geruchsempfindliche Tiere. Buttersäure riecht nach ranziger Butter, das mögen sie gar nicht. Bei der Verwendung von Säuren Handschuhe und einen Atemschutz tragen.

Zeig mir dein Blatt, und ich zeig dir, wo du stehen willst

Pflanzen kommunizieren ihre Bedürfnisse über Farben

Zimmerpflanzen kann man nie genug haben – und wer will schon ohne sie leben? Damit sie auch den richtigen Standort bekommen und gesund bleiben, sollten wir ihre Blätter beachten. An ihnen können wir ablesen, ob eine Pflanze viel oder wenig Licht braucht. Es gilt: Je dunkler das Blattgrün ist, umso schattiger darf die Pflanze stehen, ist es hell oder sogar bunt, so wird mehr Licht gebraucht. Pflanzen mit graustichigen Blättern sowie Dickblattgewächse benötigen besonders viel Licht.

WAS IST ZU TUN?

GRAUE EMINENZEN
Pflanzen mit graustichigen Blättern wie Lavendel, Eukalyptus oder Euphorbien sind Sonnenkinder, die nicht viel Wasser brauchen.

SCHLITZOHREN
Haben die Pflanzen geschlitzte oder löchrige grüne Blätter – wie das Fensterblatt (*Monstera*) –, kommen sie mit weniger Licht zurecht, brauchen aber eine ausreichende Luftfeuchtigkeit.

DICKBLÄTTER
Dickblattgewächse wie Geldbaum, Elefantenfuß, Glücksfeder oder Zwergpfeffer benötigen sehr viel Licht und wenig Wasser, da sie es in ihren fleischigen Blättern speichern können.

Notizen, Ideen & Erfolge

....

....

....

Kaltkeimer gehören langsam in den Garten

Warum geht die Saat eigentlich nicht auf?

Manche Samen brauchen eine Kälteperiode als Anreiz für die Keimung, das sind die Kaltkeimer. Dazu zählen: Eisenhut, Primel, Trollblume, Christrose, Duftveilchen, Frauenmantel und viele Steinbrech-Arten. Um ihnen einen Schubs zu geben, die Samen in Schalen oder Töpfen aussäen, dabei nur dünn mit Sand übersieben und leicht andrücken. Gut angießen. Dann an einen schattigen geschützten Platz stellen, eventuell mit einer Folie als Feuchtigkeitsschutz abdecken. Ab März geht's dann los mit dem Keimen, später kann man sie pikieren.

WAS IST ZU TUN?

DUNKELKEIMER
Nur bei absoluter Dunkelheit keimen sie, durch Licht wird dies gehemmt. Dunkelkeimer müssen abgedeckt werden. Die Erdschicht über dem Saatkorn sollte mindestens Saatdicke haben.

LICHTKEIMER
Das sind Pflanzen, die neben Wasser, Wärme und Sauerstoff auch Licht benötigen. Sie keimen nur, wenn sie nicht abgedeckt sind. Diese oft kleine Saat muss sofort Fotosynthese betreiben, um zu wachsen.

QUELLKEIMER
Diese Saaten sind sehr trocken, damit sie lange überdauern können. Palmen sind zum Beispiel Quellkeimer, ihre Saaten müssen erst in Wasser aufquellen, bevor sie zu keimen anfangen.

Die Schneedecke schützt unsere Pflanzen – aber nicht immer

Bei Beeten unter Schnee gibt es fast nichts zu tun

Bleibt der Schnee aus, sind Hortensien (*Hydrangea*) froh über eine Laubeinfassung. Dazu Kaninchendraht je nach Größe der Hortensie um die Pflanze wickeln und den Innenraum mit Laub füllen, so ist sie gegen eisige Fröste und Winde geschützt, und die Knospen für die Blüte erfrieren nicht. Sobald die Frostgefahr vorbei ist, den Draht und das Laub wieder entfernen.

WAS IST ZU TUN?

SCHNEE
Schnee ist für viele Pflanzen ein natürlicher Frostschutz, so können sie gut die kalte Jahreszeit überstehen.

WINTERSCHUTZ
Laub ist ein natürlicher Winterschutz, wenn der Schnee mal ausbleibt. Und nicht alle Pflanzen überleben den Winter über der Erde, sie ziehen sich mit ihrer Energie unterirdisch in die Knollen und Zwiebeln zurück.

JUTE ODER FOLIE?
Ganz empfindliche Pflanzen können vor dem Erfrieren bewahrt werden, wenn sie einen schicken Mantel bekommen, am besten aus Jute.

Notizen, Ideen & Erfolge

....

....

....

....

Auch im Winter können Pflanzen verdursten

Immergrüne Pflanzen leiden bei Kälte

Immergrüne Pflanzen wie Rhododendron oder Kirschlorbeer haben ihre Probleme mit eisigen Temperaturen, besonders bei Kahlfrost, also wenn Frost ohne das Vorhandensein von Schnee auftritt. Scheint die Sonne auf die immergrünen Blätter, ist das gefährlich, dann verdunsten die Pflanzen nämlich Wasser. Ist jedoch der Boden gefroren, können sie kein Wasser mehr aufnehmen. Den Schaden entdeckt man meist erst im Frühjahr, wenn die Pflanzen längst erfroren und vertrocknet sind. Damit das nicht passiert, werden solche empfindlichen Pflanzen im Winter schattiert, am besten mit Jute oder Schattierleinen.

WAS IST ZU TUN?

SCHILFMATTEN
Schilfmatten schützen immergrüne Pflanzen vor dem Verdursten.

LAUB
Laub ist das kostengünstigste Material, das als Verdunstungsschutz genutzt werden kann. Später ist es Dünger für die Beete.

BLÄTTER HÄNGEN
Viele Rhododendronarten lassen ihre Blätter hängen. Eigentlich eine Stressreaktion, letztlich aber ein natürlicher Verdunstungsschutz, weil so die Blattfläche reduziert wird.

Notizen, Ideen & Erfolge

....

....

....

Frostschäden machen vor Rosen nicht halt

Die dornigen Gewächse reagieren allergisch auf Raunächte

Kahlfröste und Rosen sind keine gute Kombination, und sie werden sicher nie Freundschaft schließen. Eine gute Schutzmaßnahme ist der Einsatz von Kompost. Die Rosenstöcke rund 20 bis 30 cm hoch mit Kompost anhäufeln, so verdunsten sie kein Wasser. Im Frühjahr kann man sie wieder enthäufeln und den Kompost als Dünger in den Rosenbeeten unterarbeiten. Sind Rosentriebe erfroren, braun oder schwarz gefärbt, hilft nur noch eines: ein Rückschnitt bis ins grüne, lebende Holz.

WAS IST ZU TUN?

EDELROSEN
Bei Edelrosen sind besonders die Veredlungsstellen zu schützen. Hier ist es ratsam, die ganze Rose mit Kompost anzuhäufeln, bis nur noch die Spitzen rausschauen.

WURZELECHT
Rosen, die auf eigenen Wurzeln kultiviert wurden, sind recht widerstandsfähig. Ein Abdecken mit Tannenzweigen reicht aus.

WILDROSEN
Heimische Wildrosen sind nicht über Artgrenzen hinweg gekreuzt. Sie kann man getrost sich selbst überlassen, denn sie sind widerstandsfähig und trotzen frostigen Zeiten.

Pflanzen sind nicht wie Esel Lastenträger

Wenn es schneit und schneit

Liegen gebliebener Schnee ist ein Schutz für alle Stauden, Zwiebelblumen, für Gemüse und Salate, die dicht am Boden oder in der Erde überwintern. Aber für viele Bäume und Sträucher ist diese glitzernde Pracht eher eine Last und kann ihnen gefährlich werden, insbesondere bei Buchsbäumen und vielen Nadelgehölzen. Bei zu viel Schnee auf den Sträuchern ist ein Spaziergang durch den Garten zu empfehlen, Handschuhe und einen Besen nicht vergessen.

WAS IST ZU TUN?

GRÜN-WEISS
Da Schnee schwer ist, sind immergrüne Pflanzen davon zu befreien (abschütteln). Das nasse Weiß kann die Triebe schädigen. Eine große Schneelast kann Thujen umfallen lassen.

BRUCHGEFAHR
Die Äste von Sträuchern und Tannen können sich unter zu viel Schnee so biegen, dass sie brechen.

KALKEN
Auf der Schneedecke kann Kalk ausgebracht werden. Schmilzt der Schnee, wird er mit viel Wasser in den Boden geschwemmt. So wird die Nährstoffzufuhr für die Pflanzen optimiert.

Notizen, Ideen & Erfolge

Ein wurmiger Apfel verdirbt den Appetit

Prävention gegen Würmer

Äpfel schmecken herrlich, wenn man nicht in sie hineinbeißt und plötzlich auf Maden herumkaut. Das mag keiner. Um so ein Erlebnis zu verhindern, kann man rechtzeitig vorbeugen. Wie? Eine Bürste in die Hand nehmen und – nein, nicht die Küche schrubben – die Stämme der Apfelbäume abbürsten. So verlieren die verpuppten Larven der Apfelwickler (*Cydia pomonella*), eine Falterart, die in den Ritzen der Borke überwintern will, ihren Unterschlupf. Sie haben im Frühjahr die unangenehme Eigenschaft, abzuwandern und ihre Nachkommen im Apfel abzulegen, die sich dann als Made durch ihn hindurchfressen.

WAS IST ZU TUN?

WELLPAPPE
Neben dem Abbürsten hilft es, im Frühjahr Wellpappe um die Apfelbäume zu legen. Darin verpuppen sich die Apfelwickler. Ab Juli dann die Pappe erneuern und die alte vernichten.

MEHR WICKLER
Der Pflaumenwickler (*Grapholita funebrana*) ist der größte Feind von Pflaumen und Zwetschgen. Wellpappe hilft auch hier als Maßnahme, in die sich die Raupen einspinnen können.

FALLEN AUFSTELLEN
Es können auch Pheromone eingesetzt werden, um den Falter in die Irre zu locken. Dazu Wicklerfallen 2 bis 3 m vom Baum entfernt aufhängen. Sie fangen die Männchen ab – und die Weibchen warten vergeblich.

In jedem Garten findet sich ein leeres Plätzchen

In einem milden Januar Neues pflanzen

Will das Wetter sich gar nicht auf Winter einstellen, können Laubgehölze und Sträucher in die frostfreie Erde gesetzt werden. Der Januar als Pflanzmonat sollte dennoch eine Ausnahme bleiben, schließlich ist im Herbst und im Frühjahr das Risiko erheblich geringer, dass die Pflanze nicht anwächst oder Schaden nimmt. Die Auswahl in den Baumschulen und Gartencentern ist im Januar auch noch nicht so groß.

WAS IST ZU TUN?

STARTHILFE
Um ein Gehölz oder einen Strauch in den Garten zu pflanzen, müssen wir ein großes Loch buddeln. Dann die Pflanze einsetzen.

STARTDÜNGER
Die neu eingesetzte Pflanze braucht ein wenig (eine Handvoll) Kompost (Naturdünger) oder Pflanzenerde für die Nährstoffversorgung.

STURMSICHERUNG
Die neue Gartenbewohnerin sollte immer angepflockt werden, damit der Wind die feinen, noch wenig stabilisierten Wurzeln nicht herausreißt.

Notizen, Ideen & Erfolge

....

....

....

....

Manchmal ist ein Gießtag angesagt

Kübelpflanzen sind auf Wasser angewiesen

Weil immergrüne Gehölze wie Buchsbaum, Schneeheide, Ilex oder Rhododendron sowie fast alle Koniferen über ihre Blätter auch im Winter Wasser verdunsten, sollten sie bei trockenem Wetter gegossen werden, sonst werden sie den Winter nicht überleben. Das Verfolgen des Wetterberichts oder Aufrufen einer Wetter-App ist dabei unerlässlich, kommt nämlich in den nächsten Tag unverhofft Frost, sollte man besser wieder von dem Vorhaben Abstand nehmen. Es würde nur das Gießwasser gefrieren und der Kübel könnte zerstört werden.

WAS IST ZU TUN?

KÜBELPFLANZEN
Wer mehrere immergrüne Kübelpflanzen hat, sollte sie zusammen an einen schattigen Platz stellen und mehrmals in der Winterzeit mit Wasser versorgen.

RHODODENDRON
Auch wenn diese Pflanzen im Beet stehen und nicht in einem Kübel – als Flachwurzler leiden auch sie bei lang anhaltenden Trockenzeiten.

STAUNÄSSE
Gießen ist eine gute Sache, aber bloß nicht zu viel des Guten. Bei Staunässe können Kübelpflanzen auch leicht ertrinken.

Irgendwo blüht im Garten schon was – ein zarter Aufbruch

Frühblüher locken erste Nektar sammelnde Insekten an

Gegen Ende Januar können schon die ersten Pflanzen blühen, der Gelbe Jasmin, auch Winterjasmin genannt, dann die Erika, die Schneeheide, die Zaubernuss, der Duftende Schneeball oder die Christrose. Diese frühen Boten des Frühlings kündigen einen Wandel an und sind wahre Winterwunder. Wer noch keine Frühblüher im Garten hat, sollte sich vielleicht den einen oder anderen zulegen, die Insekten werden es einem danken.

WAS IST ZU TUN?

ZAUBERNUSS
Die Zaubernuss hat großes Showtalent, bereits im Winter entfaltet sie ihre leuchtend gelben bis roten Blüten, im Herbst überrascht sie mit einer prächtigen gelben bis rötlichen Laubfärbung.

DUFTSCHNEEBALL
Wenn der Winter nicht zu kalt ist, öffnen sich seine Blüten immer wieder bis zur Hauptblüte im März und April.
Er ist nicht sehr anspruchsvoll, bevorzugt aber sonnige bis halbschattige Standorte.

WINTERJASMIN
Ungewöhnlich ist beim Gelben Jasmin seine Blütezeit im Winter. Die Blüten erscheinen bei mildem Klima bereits ab Dezember, sie öffnen sich nach und nach. Nur bei Frost wird pausiert.

Notizen, Ideen & Erfolge

....

....

....

Winterdienst vor und im eigenen Garten

Bei Eis und Schnee Wege freihalten

Damit niemand vor dem eigenen Grundstück ausrutscht, sollten Schneemassen weggeschippt werden. Ein eisiger Boden ist am einfachsten mit Salz in den Griff zu bekommen, aber dann würde man den Pflanzen und Bäumen, die am Wegesrand wachsen, schaden. Die mögen Salz überhaupt nicht. Und zu viel Salz belastet zudem unsere Kanalisation, unsere Flüsse, sogar in die Kläranlagen gelangt es. Sinnvoll ist es, immer mal wieder zu kontrollieren, ob die Wasserleitungen draußen abgestellt sind. Tropft etwas, ist das ein Hinweis, dass sie entleert werden müssen.

WAS IST ZU TUN?

SPLITT
Splitt hat scharfkantige Oberflächen und bietet bei Eis sicheren Halt. Er lässt sich gut auffegen und wiederverwenden, ist also schon mal umweltfreundlicher als Salz.

GROBER SAND
Auch Kies kann man zusammenkehren und im nächsten Jahr wiederverwenden. Ihn gibt es kostengünstig in jeder Kiesgrube. Hunde mögen ihn nicht, denn er dringt in die Tatzen.

SÄGESPÄNE
Wer nach einem umwelt- und tierfreundlichen Streugut sucht, sollte vielleicht auf Sägespäne treten. Sie verrotten später und können in die Beete gefegt werden.

Was wird an Pflanzenstärkungsmitteln gebraucht?

Pflanzen benötigen Abwehrkräfte, wenn das Kraut dafür noch nicht gewachsen ist

Pflanzenstärkungsmittel halten über mehrere Monate, so der Brennnessel- oder Acker-Schachtelhalm-Sud, auch der getrocknete Rainfarn-Tee. Es ist nur darauf zu achten, dass diese Flüssigkeiten im Winter nicht einfrieren. Perfekt wäre eine Lagerung in einem dunklen Keller (am besten in Flaschen). So können die Stärkungsmittel gegen Angreifer wie Blattläuse, Milben, Pilze oder Bakterien im zeitigen Frühjahr sofort verwendet werden, bevor wir die Heilkräfte der Natur pflücken können.

WAS IST ZU TUN?

IM KANISTER
Selbst gemachter Dünger aus Brennnesseljauche hält sich über lange Zeit im Kanister, wenn sie gut vergoren und klar ist.

BÜGELFLASCHEN
In Bügelflaschen lassen sich Mittel zur Pflanzenstärkung aufbewahren, wenn sie kühl und dunkel gelagert werden sollen.

TROCKENSTRAUSS
Acker-Schachtelhalm & Co. halten sich über mehrere Jahre, ohne ihre Wirkung zu verlieren. Getrocknete Pflanzen können hervorragend als Tee angewendet werden.

Notizen, Ideen & Erfolge

....

....

....

Zitronen wachsen auch bei uns

Saure Vitaminbomben aus eigener Zucht

Zitruspflanzen (Citrus) sind hübsch und duften wunderbar. Wer sich für eine entscheidet, sollte vorher wissen, ob er sie nur für dekorative Zwecke haben will oder die Früchte essen möchte. Gerade selbst gezogene Zitronen sind nämlich gut essbar. Zitrusgewächse brauchen es leicht sauer, der ideale pH-Wert liegt zwischen 5,5 und 6,5. Der Wurzelballen sollte nie austrocknen, auch im Winter nicht, Staunässe ist aber ebenso wenig erwünscht. Ein Zitrusbäumchen können Sie sich auch jetzt ins Haus holen – perfekt wäre ein Wintergarten –, die Pflanze sollte nur keinen Frost bekommen.

WAS IST ZU TUN?

STECKLINGE

Ein Zitronenbaum aus Saat wächst sehr langsam und beginnt erst nach 20 Jahren Früchte zu tragen – oder überhaupt nicht. Obsttragende Pflanzen sind am besten über Stecklinge zu vermehren.

TRIEBSTÜCKE

Stecklinge werden von den einjährigen Trieben abgeschnitten und in abdeckbare Töpfe oder Schalen mit Anzuchterde gesteckt. Das Substrat gleichmäßig feucht halten – und regelmäßig lüften.

MEIN TIPP

Stellen Sie die Stecklinge an einen hellen Platz, die Bodentemperatur sollte über 28 Grad Celsius betragen, dann wurzeln sie innerhalb von vier bis sechs Wochen.

Man kann nie früh genug an Himbeersirup denken

Für eine gute Ernte werden auch Himbeerbüsche ausgelichtet

Bei den Himbeersträuchern (*Rubus idaeus*) werden nun alle Ruten, die im letzten Jahr Früchte getragen haben, bis unten abgeschnitten. Leicht zu erkennen sind die hellen Triebe, sie dürfen bleiben, nur die dunkleren sind bodentief zu entfernen. Auf diese Weise wird die Gefahr der Himbeerrutenkrankheit (*Leptosphaeria coniothyrium*), ausgelöst durch verschiedene Schadpilze und erkennbar an vertrockneten Ruten, gebannt. Ich lasse gesunde abgeschnittene Triebe auf dem Beet liegen, sie dienen Nützlingen oft als Unterschlupf.

WAS IST ZU TUN?

HERBSTBEEREN
Bei Herbsthimbeeren wachsen die Beeren schon am einjährigen Trieb. Bei diesen Sorten werden komplett alle Triebe auf Bodenhöhe abgeschnitten.

SOMMERBEEREN
Sommerhimbeeren tragen am zweijährigen Trieb. Bei ihnen werden nur die Ruten abgeschnitten, die im Sommer getragen haben. Im Winter werden nur die schwachen Triebe entfernt.

KEIN SCHNITT?
Was aber passiert ohne Schnitt? Dann entsteht in kürzester Zeit ein Wirrwarr aus Himbeerzweigen, die wenig Ertrag einbringen.

Notizen, Ideen & Erfolge

....

....

....

Nicht alle Kartoffeln wollen unendlich lagern

Nach und nach bekommen Kartoffeln lange Keime

Viele Kleingärtner und Kleingärtnerinnen, die Kartoffeln einlagern, ärgern sich, dass diese im Keller zu schnell keimen. Bis vor einiger Zeit gab es ein Pulver auf chemischer Basis, das die Keimung verhindert hat. Gesund war das sicherlich nicht, denn es wurde schließlich verboten. Ein alter Trick: Kartoffeln und ein paar Äpfel im gleichen Kellerraum lagern, dann treiben die Kartoffeln weniger rasch aus – das ausströmende Reifegas der Äpfel unterdrückt bei den Kartoffeln die Keimung. Angenehmer Nebeneffekt: Die Äpfel verbreiten einen wunderbaren Duft.

WAS IST ZU TUN?

KÜHLER KELLER
Die Kartoffel braucht eine Temperatur von unter 5 Grad Celsius, damit sie nicht zu keimen beginnt. Frost lässt sie sofort matschig werden.

DUNKEL LAGERN
Kartoffeln sollten trocken und dunkel lagern. Bei zu viel Licht produzieren sie das giftige Solanin, das sich überwiegend in den Schalen anreichert – deshalb die Kartoffeln schälen!

SORTENWAHL
Es gibt spezielle Kartoffelsorten, die sich gut fürs Einlagern eignen und die mindestens vier Monate für die Abreife benötigen, dazu zählen Linda, Nicola oder Aula.

FEBRUAR

Kamelien sind wunderschön und verströmen einen bezaubernden Duft

Vor Hunderten von Jahren nach Europa gereist

Einst hatten Kamelien (*Camellia*) in Ostasien ihre Heimat, ein Teestrauchgewächs. Kamelien sollten jedoch nie in warmen Zimmern stehen, sie mögen es kühl. Je mehr Licht sie haben, umso üppiger ist die Blütenbildung. Der Wurzelballen sollte auf keinen Fall austrocknen, ab Oktober darf aber weniger gegossen werden. Der Boden sollte leicht sauer sein, darum am besten Rhododendronerde zum Eintopfen nutzen. Die Blätter regelmäßig befeuchten, denn die Kamelie mag hohe Luftfeuchtigkeit. Ab März bis Juni regelmäßig mit Rhododendrondünger versorgen.

WAS IST ZU TUN?

IM GARTEN
Mehrjährige Kamelien im Garten können schon mal minus 15 Grad Celsius vertragen. Junge Pflanzen sollten geschützt bei höchstens minus fünf Grad überwintern.

SCHNEIDEN
Ein Rückschnitt nach der Blüte im Frühling sorgt bei Kamelien für eine stärkere Blütenbildung. Er fördert zudem die Verzweigung und damit eine schöne Krone.

GIESSEN
Nur mit kalkfreiem Wasser gießen, am besten Regenwasser. Kalkhaltiges Wasser hebt den pH-Wert und wirkt sich negativ auf die Pflanze aus.

Notizen, Ideen & Erfolge

....

....

....

Sonnenlicht aus der Steckdose

Einige Pflanzen stehen auf Zusatzlicht

Wenn natürliches Licht nicht ausreichend vorhanden ist, kann künstliches beim Gedeihen helfen. Energiesparlampen oder Leuchtstoffröhren haben ausgedient, sie wurden ersetzt durch LED-Pflanzenlicht, damit spart man bis zu 80 Prozent Strom. Das pflanzengenaue Lichtspektrum sorgt für eine optimale Fotosynthese und so für eine gute Versorgung mit Nährstoffen. Durch die hohe Lichtausbeute entsteht nur eine geringe Abwärme, was die Pflanzen vor dem Verbrennen bewahrt. LED-Pflanzenlicht lässt sich auf die unterschiedlichen Wachstumsphasen anpassen – ob Aussaat, Wachstum, Blüte oder Stecklingsvermehrung.

WAS IST ZU TUN?

VOLLSPEKTRUM
Vollspektrum-LEDs sind Leuchtmittel, die dem Sonnenlicht zur Mittagszeit ähneln. Sie decken das natürliche Farbspektrum ab und werden von Pflanzen als angenehm empfunden.

BLAUES LICHT
Blaues Licht beeinflusst das Wachstum der Pflanzen, weil es direkt vom Chlorophyll umgewandelt werden kann. Dieses Licht verhindert auch eine Vermehrung der Blätter um die Blüten herum.

ROTES LICHT
Es fördert ebenfalls das Wachstum, kann aber, wenn es sehr intensiv ist, zu langen, vergeilten Trieben führen. Wirkt verstärkt auf die Blütezeit und die Samenproduktion ein.

Ein angespanntes Verhältnis zur Schere

Wer gärtnert, braucht eine scharfe Schere und manchmal ein kaltes Herz

Warum soll ich eigentlich meine Pflanzen beschneiden? Kann ich sie nicht einfach wachsen lassen, so, wie es die Natur will? Mmh, natürlich ist das möglich, aber dann wird die Produktion von Blüten und Früchten nicht angeregt, viele Nutzbäume und Sträucher tragen nach einem Rückschnitt einfach besser. Ebenso kann es sein, dass wir Pflanzen in einer bestimmten Form belassen wollen. Also: Pflanzen, die im Spätsommer blühen könnten, sollten nun zurückgeschnitten werden, hierzu gehören der Sommerflieder, die Weigelie, Spieren und die Bartblume.

WAS IST ZU TUN?

RUHEPAUSE
Zu den Sträuchern, die jetzt Ruhe brauchen, gehören Forsythie, Flieder, Walnuss, Winterschneeball, Pfirsich, Nektarine und Kirsche.

JETZT SCHNEIDEN
Bei ihnen kann man sofort loslegen: Blut-Johannisbeere, Lonicera oder Heckenkirsche, Pfeifenstrauch, Holunder, Rispenhortensie sowie Eibisch.

NIE SCHNEIDEN
Und zwar überhaupt nicht: Zaubernuss, Magnolien, Japanische Lavendelheide, Kalmien (Lorbeerrosen), Felsenbirne.

Notizen, Ideen & Erfolge

....

....

....

Der richtige Rückschnitt ist nicht so schwer

Eine kleine Anleitung für das Schneiden von Sträuchern

Sträucher und Büsche nun etwa um ein Drittel kürzen, wobei der Tag nicht frostig sein sollte. Immer daran denken, falls einen der Mut verlässt: Je mehr zurückgeschnitten wird, desto kräftiger treibt die Pflanze im Frühjahr aus. Wird die Spitze eines Triebs gekappt, treiben die seitlichen Knospen aus, und die Pflanze verzweigt sich. Folgende Schnitttechnik beachten: Stets dicht an einer außen stehenden Knospe schräg parallel zur Wuchsrichtung schneiden. Immergrüne Büsche und Rosensträucher werden erst im späten Frühjahr geschnitten.

WAS IST ZU TUN?

WERKZEUG
Eine scharfe Schere versteht sich von selbst, sie verhindert eine Beschädigung der Knospen, auch das Holz wird nicht gequetscht. Und die Wunden heilen schneller.

DESINFEKTION
Um keine Krankheiten beim Schneiden zu übertragen, sollte die Schere in Abständen desinfiziert werden.

SCHNITTWUNDEN
Größere Schnittwunden werden mit einem durchsichtigen Wundverschlussmittel auf Baumharzbasis versorgt.

Notizen, Ideen & Erfolge

....

....

....

Eine Klimaanlage, die keinen Strom frisst

Die Zimmerpflanze, die auch Picasso gefiel

Monstera deliciosa, auch Fensterblatt genannt, bildet Luftwurzeln, und diese können gern im Aquarium hängen, denn dann entzieht sie dem Wasser Giftstoffe wie Nitrat und Nitrit und verwertet sie als Nahrung. Sie heißt *Monstera* (lat. «Missgestalt»), weil die großen, geschlitzten Blätter wohl wie Monster aussehen, und *deliciosa*, weil ihre aronstabähnliche Frucht köstlich schmeckt (nur das Innere der reifen Frucht ist essbar). Für diese Pflanze ist der grüne Daumen nicht so wichtig, dennoch: Je grüner der Daumen ist, umso größer wird die Pflanze, manchmal mehrere Meter.

WAS IST ZU TUN?

DÜNGER
Alle zehn Tage braucht das Fensterblatt einen Zimmerpflanzendünger. Nicht zu viel gießen, Trockenheit verträgt sie besser als zu viel Nässe.

STANDORT
Gern steht die Monstera halbschattig bis schattig. Sie benötigt eine Rankhilfe und einen großen Kübel. Nicht kälter als 16 Grad Celsius sollte ihr Zuhause sein.

GUT ZU WISSEN
Die Blätter gelegentlich mit einem feuchten Tuch abwischen. Die Luftwurzeln nicht abschneiden, sie dienen der Pflanze als Kletterhilfe. In ihrer tropischen Heimat wächst sie damit an Bäumen hoch.

Geranien im Keller nicht vergessen!

Im Keller überwintern so manche Gartenschätze

Auch im Winter brauchen Überwinterlinge wie Geranien oder Dahlien Aufmerksamkeit. Sie sollten vor Sonne und Lichteinfall geschützt sein, sodass sie nicht zu früh anfangen, erneut auszutreiben. Und auch wenn sie noch immer Winterschlaf halten, dürfen sie keinesfalls unter Wassermangel leiden. Die Luftfeuchtigkeit sollte möglichst niedrig sein, damit sie nicht zu faulen anfangen. Die ideale Temperatur zum Überwintern liegt bei 5 bis 8 Grad Celsius. Auch gut: Die Pflanzen einzeln in Zeitungspapier verpacken.

WAS IST ZU TUN?

CANNA
Das Indische Blumenrohr (*Canna indica*) lässt sich gut in Töpfen vortreiben, dadurch können die Blüten länger und früher genossen werden.

DAHLIEN
Dahlien (*Dahlia*) sollte man auf faule Stellen kontrollieren. Verletzte Knollen abschneiden und die Wunden mit Kohlenstaub bepudern.

GERANIEN
Helle, weiche und grüne Triebe zurückschneiden. Auf Blattläuse achten. Geranien (*Perlagonium*) nie vertrocknen lassen!

Notizen, Ideen & Erfolge

....

....

....

Die Pflanze in der Schusterwerkstatt

Ein Gewächs für schattige Ecken

Wer eine Pflanze sucht, die genügsam und unverwüstlich ist, könnte gut Freund mit der Schusterpalme (*Aspidistra elatior*) werden. Sie gehört zu den Spargelgewächsen und kommt mit wenig Licht aus. Selbst in einem Haus mit kleinsten Fenstern gedeiht sie, robust, wie sie ist, problemlos. Den Namen gab man ihr, weil sie einst in jeder schummrigen Schusterwerkstatt zu finden war. Gießfaule werden ihre Freude an der Schusterpalme haben, denn zu viel Wasser verträgt sie nicht. Auch für Vielreisende ist sie gut geeignet.

WAS IST ZU TUN?

PFLEGE
Weniger Pflege für eine Pflanze ist kaum möglich. Wenig Wasser und ab und zu etwas flüssiger Dünger, mehr muss nun wirklich nicht sein.

STANDORT
Kaum eine andere Zimmerpflanze stellt so geringe Ansprüche. Mitten im Raum oder auch ein Fensterplatz, alles ist in Ordnung. Nur Südfenster sollten ausgelassen werden.

MEIN TIPP
Schädlinge wird man kaum an dieser schönen Pflanze aus den Wäldern Japans und Chinas finden. Sollten sich doch mal welche verirrt haben, lassen sich die Blätter gut abwischen.

Spinnmilben haben mal wieder Hochsaison

Oleander oder Zitruspflanze – und schon sind die Blutsauger da

Spinnmilben (*Tetranychus urticae*) vermehren sich in Winterquartieren von Pflanzen schlagartig. Es sind keine Insekten, sie gehören zu den Spinnentieren. Bei starkem Befall sind feine Gespinste zu erkennen. Durch das Anstechen und Aussaugen einzelner Pflanzenzellen entstehen zunächst einzelne weiße oder gelbliche punktförmige Flecken auf Blättern oder Blüten. Bei zunehmendem Befall dehnen sich die Flecken aus. Die Pflanzen vergilben, bis die Blätter schließlich zu stark geschädigt sind und vertrocknen. Oft wachsen die Pflanzen dann nicht mehr.

WAS IST ZU TUN?

RAUBMILBEN
Die Spinnentiere lassen sich durch den Einsatz von Raubmilben (*Phytoseiulus persimilis*) bändigen. Raubmilben sind hier Nützlinge.

STÄRKUNG
Ein Heilmittel ist Efeutee: 200 g frische oder 20 g getrocknete Efeublätter in 1 l Wasser aufkochen. 30 min ziehen lassen und auf 5 l verdünnen.

SCHWEFEL/RAPSÖL
Schwefelhaltige Präparate wirken vorbeugend und entwicklungshemmend. Hier ist Netzschwefel zu empfehlen. Hilfe bieten auch Spritzmittel auf Rapsölbasis.

Notizen, Ideen & Erfolge

....

....

....

Die Erde in den Blumentöpfen müffelt

Schimmel auf der Blumenerde

Auf der Erde von Zimmerpflanzen ist ein weißlicher oder gelblicher Schimmelbelag, außerdem riecht sie modrig. Verursacht haben dies Schimmelsporen, also Pilzsporen, die sich überall befinden und sich von organischem Material ernähren. Wenn sie auf Blumenerde treffen, ist das ein gefundenes Fressen. Ausgewachsenen und gesunden Pflanzen macht der Schimmel nichts aus. Auch für uns Menschen ist er meist nicht schädlich. Aber wer will schon Schimmel an seinen geliebten Pflanzen?

WAS IST ZU TUN?

ERDE LOCKERN
Zur Prävention: die Oberfläche der Erde regelmäßig austrocknen lassen und auflockern. Das gilt nicht nur für Blumentöpfe, sondern auch für gelagerte Erde.

PFLANZENPOWER
Zur Stärkung der Pflanzen hilft ein regelmäßiges Gießen mit starkem, abgekühltem Kamillentee – der wirkt desinfizierend und tötet die Schimmelsporen ab.

WENIGER GIESSEN
Die Blumentopferde mit Sand oder kleinen Steinen abdecken. Nicht von oben, sondern vorwiegend von unten über den Untersetzer gießen. Und überhaupt: Ausreichend die Wohnung lüften, das hilft gegen jede Art von Schimmel.

Pflanzen für die Vergesslichen

Eine Unverwüstliche

Tatsächlich gibt es eine Pflanze, die herrlich gedeiht, wenn man sie vernachlässigt, ihr wenig Wasser und so gut wie keinen Dünger gibt und sie nur äußerst selten umtopft. Auch der Standort ist nicht gerade anspruchsvoll, eine halb schattige Ecke reicht der Unverwüstlichen. Klingt wie erfunden, oder? Ist es aber nicht. Die Glücksfeder oder Zamie (*Zamioculcas zamiifolia*) stammt aus Ostafrika. Auf den ersten Blick erinnert sie an einen Farn, aber in Wirklichkeit sind ihre vermeintlichen Triebe Fiederblättchen. Diese Pflanze kann man auch getrost Menschen schenken, die behaupten, keinen grünen Daumen zu haben.

WAS IST ZU TUN?

PFLEGE
Alle zehn Tage ein wenig gießen. Gelbe Blätter sind ein Zeichen, das zu viel Wasser gegeben wurde. Einen Dünger höchstens viermal im Jahr verwenden.

STANDORT
Halbschattig wird ohne zu meutern akzeptiert. Sie kann im Flur oder im Büro stehen, die Räume sollten nur Fenster haben. Betriebsferien übersteht sie ohne Pflege.

MEIN TIPP
Die Zamia mag es eng. Umtopfen sollte man sie erst, wenn es so aussieht, als würde der Pflanztopf gleich bersten. Der neue Topf darf höchstens zwei Nummern größer sein.

Wetterkapriolen bleiben nicht ohne Folgen

Die Natur versucht sich anzupassen

Die Natur versucht Möglichkeiten zu finden, um mit den Wetterveränderungen zurechtzukommen. Hohe Temperaturen haben Pilzkrankheiten in die Schranken gewiesen, Wärme und Trockenheit liebende Insekten haben sich dagegen rasch vermehrt. In Zeiten des Insektensterbens ist das eine gute Nachricht. Früchte wurden vielerorts reichlich befruchtet, was eine ertragreiche Ernte einbringt, und Vögel können ihre Brut aufziehen. Alte Pflanzbestände können mit Wetterkapriolen umgehen, unser Augenmerk sollte bei den jungen Pflanzen liegen.

WAS IST ZU TUN?

JUNGE PFLANZEN
Sie müssen tief wurzeln, um ans Grundwasser zu gelangen. Wenn wir aber jeden Tag gießen, werden die Wurzeln nur in den oberen Schichten wachsen.

WURZELGLÜCK
Je mehr Wurzeln junge Pflanzen bilden, desto perfekter versorgen sie sich mit wichtigen Nährstoffen und Wasser und kommen gut durch den Winter.

DÜNGUNG
Eine ausgewogene organische Düngung hilft bei einem mediterranen Klima. Und: Einmal pro Woche durchdringend wässern ist besser als jeden Tag ein bisschen.

Notizen, Ideen & Erfolge

....

....

....

Auch Pflanzen können bluten

Warum bluten Gehölze nach dem Schnitt?

Meistens werden Gehölze in der Vegetationsruhe geschnitten, also von November bis März. Bei Temperaturen unter minus 6 Grad Celsius kurz vor dem Blattaustrieb, wenn Nährstoffe und Wasser von der Wurzel mit hohem Druck bis in die letzte Knospe transportiert werden, sollte das Schneiden eingestellt werden. Der hohe Wurzeldruck sorgt dafür, dass die Pflanzen beim Schneiden bluten. Keine Panik, die Wunden schließen sich wieder. Aber das kann, zwei bis drei Wochen dauern.

WAS IST ZU TUN?

SCHNITTZEIT
Gehölze wie die Stachelbeere, die nach der Ernte geschnitten werden, müssen keinen Schaden erleiden. Denn die Wunden bluten dann kaum und heilen in der Wachstumszeit rascher.

STEINOBST
Obstgehölze wie Kirsche, Pfirsich und Pflaume sollten im Winter nicht geschnitten werden. Sie stehen im Saft und würden stark bluten.

KERNOBST
Kernobst blutet nicht so stark und steht nicht im Saft, wenn es im Februar geschnitten wird. Aber auch ein Sommerschnitt ist zu empfehlen, denn die Wunden schließen sich so schneller.

Notizen, Ideen & Erfolge

....

....

....

Bei Pfirsichbäumen geht es ziemlich kraus zu

Der auffälligen Kräuselkrankheit vorbeugen

Neigen Pfirsich, Aprikose und Mandelbaum schon früh nach dem Austrieb zu gekräuselten Blättern, die sich außerdem deutlich rot verfärben, so trägt ein Pilz (*Taphrina deformans*) die Schuld. Auf der Blattoberseite zeigt sich ab Mai/Juni ein weißer Belag, der für die Ausbreitung des Erregers sorgt. Bei starkem Befall vertrocknen die Blätter und fallen ab. Auch Blütenknospen sind betroffen, wodurch der Ertrag gemindert wird. Der Neuaustrieb ist meistens gesund, dennoch ist der Baum geschwächt, denn die Krankheit stresst ihn massiv. Die Sporen überwintern zwischen den Zweigen und an den Knospenschuppen.

WAS IST ZU TUN?

ANZEICHEN
Die Infektion beginnt im zeitigen Frühjahr, darum muss sie mit dem Knospenschwellen oder dem Austrieb behandelt werden.

PFLANZENKUR
Zur Prävention: 20 g getrocknete Schafgarbe in 5 l Wasser 24 Stunden einweichen. 1:5 verdünnt anwenden, mit etwas Öl, damit es besser haftet. Mehrmals wöchentlich.

MASSNAHMEN
Ein Baumschnitt am einjährigen Holz verringert die Überwinterungsmöglichkeiten des Pilzes. Befallene Blätter entfernen, bevor der weiße Flaum sichtbar wird.

Vieles aus dem Haushalt lässt sich als Dünger gebrauchen

Dünger muss nicht teuer sein

Vieles, was im Haushalt als Abfall gilt, ist jedoch noch wertvoll für unsere Pflanzen. Etwa das Gemüse- oder Kartoffelwasser: Beim Kochen geben Gemüse oder Kartoffeln viele Nähr- und Mineralstoffe (Eisen, Magnesium, Phosphor) ans Wasser ab. Der Sud kann deshalb sehr gut als natürliches Düngemittel eingesetzt werden, das Pflanzen beim Wachsen und bei der Blütenbildung unterstützt.

WAS IST ZU TUN?

BANANEN
Bananenschalen fördern durch ihre Inhaltsstoffe (Kalium) die Blütenbildung. In kleine Stücke schneiden und in die Blumenerde stecken. Rosen und Blütenstauden lieben das.

KAFFEESATZ
Er enthält viel Stickstoff, der sich positiv auf das Blattwachstum auswirkt, Phosphor regt die Blütenbildung an. Setzlinge mögen kein Koffein, aber ansonsten gern in den Boden einharken.

MINERALWASSER
Für die Düngung von Zimmerpflanzen eignet sich Mineralwasser. Es enthält viele Mineralien, die auch für sie lebensnotwendig sind.

Notizen, Ideen & Erfolge

....

....

....

....

Hummeln, die gemütlichen Brummer

Staatenbildende Insekten mit hohem Energiebedarf

Wer Hummeln (*Bombus*) helfen will, braucht eine abwechslungsreiche Vegetation: Sie benötigen vom Frühjahr bis zum Herbst ein ununterbrochenes Nahrungsangebot. Schon drei bis fünf Tage Hunger können für einen Hummelstaat das Ende bedeuten. Um Gärten oder Balkone hummelfreundlich zu gestalten, kommt eine Vielzahl von Pflanzen infrage: Krokusse, Kapuzinerkresse, Pfefferminze, Sonnenblumen, Malvenarten, Dost, Rotklee, Klatschmohn und Herbstzeitlose. In meinem Garten sind die Hummeln an den Obstbäumen sehr willkommen, sie sorgen für eine gute Ernte. Aber auch Holunder, Weißdorn und Wildrosen fliegen sie an.

WAS IST ZU TUN?

ZUCKERLÖSUNG
Wenn sie eine entkräftete Hummelkönigin antreffen, helfen sie ihr: einen halben Teelöffel Zucker in etwas lauwarmem Wasser auflösen und dem Tier auf einem Löffel anbieten.

ÜBERLEBENDE
Bei den Hummeln sterben außer der bereits begatteten Jungkönigin alle Tiere im Herbst ab. Im zeitigen Frühjahr suchen die Königinnen einen Nistplatz, um dort ein neues Volk zu gründen.

MEIN TIPP
Gerne nehmen Hummeln Nistkästen an, im Internet gibt es Anleitungen, wie man diese gestalten kann.

Hol dir Farbe ins Haus, der Frühling ist noch weit

In der tristen Winterzeit fröhliche Akzente setzen

Leider werden Alpenveilchen (*Cyclamen*) hierzulande ein wenig stiefmütterlich behandelt, was vielleicht daran liegt, dass sie als etwas altbacken gelten, hatten doch Großmütter sie in ihren Wohnzimmern. Für mich aber sind das sehr schöne und haltbare Blühpflanzen, die gerne auf der kühlen Fensterbank stehen. Unglaublich, wie viele Rottöne und Zuchtformen es inzwischen gibt, manche wirken geradezu exotisch, obwohl die Heimat der Zyklamen das südliche Mittelmeer ist.

WAS IST ZU TUN?

PFLEGE
Wasser in den Untersetzer gießen, dann versorgt das Alpenveilchen sich selbst, und die Knolle bleibt trocken. Beugt Grauschimmel vor. Kalkhaltige Erde nehmen.

STANDORT
Je kühler das Alpenveilchen steht, umso länger blüht und gedeiht es. Wird es ihm zu warm, fällt es schnell auseinander.

MEIN TIPP
Sollten die Wohnräume zu warm für ein Alpenveilchen sein, könnte man sich auch für ein wärmeliebendes Usambaraveilchen entscheiden.

Notizen, Ideen & Erfolge

....

....

....

....

Wann schneide ich den Apfelbaum?

Jeder Apfelbaum hat seinen eigenen Friseurtermin

Apfelbäume können fast das ganze Jahr über geschnitten werden. Nur wenn es draußen frostig ist, sollten sie Ruhe bekommen. Im Herbst, wenn die Blätter vom Baum fallen, sieht man am besten, welche Äste entfernt werden müssen. Beim Sommerschnitt heilen die Wunden schneller. Üblicherweise aber werden frei stehende Apfelbäume zum Ende des Winters geschnitten, also zwischen Februar und März. Die Reservestoffe liegen zu der Zeit größtenteils im Stamm und gehen nicht verloren, sondern können im Frühjahr für neues Wachstum sorgen. Und: Apfelbäume verzeihen fast jeden Schnitt, auch einen verkorksten.

WAS IST ZU TUN?

APFELBUSCH
Er wird auf schwach bis mittelstark wachsenden Unterlagen veredelt. Perfekt für Gärten, die wenig Platz haben, da der Apfelbusch durch Schnittmaßnahmen klein gehalten werden kann.

HALBSTAMM
Wird auf mittelstark bis stark wachsenden Unterlagen veredelt. Er hat einen Stamm von etwa 100 bis 120 cm und treibt nach dem Schnitt je nach Unterlage mehr oder weniger aus.

HOCHSTAMM
Hochstammapfelbäume werden auf stark wachsenden Unterlagen veredelt und haben einen Stamm von etwa 160 bis 180 cm. Sie können durch Schnittmaßnahmen nicht klein gehalten werden.

....

....

Besuch aus Hollywood gefällig?

Der Star unter den Palmen

Menschen, die nicht nur der Preis einer Pflanze auf die Palme bringt, können bei dieser ganz entspannt bleiben: Eine der sehr weit verbreiteten Zimmerpalmen ist die Kentia (*Howea forsteriana*). Sie ist ein echter Hollywoodstar, denn in alten Filmen schmückt sie Hotellobbys, Restaurants oder gediegene Wohnungen. Die Palme produziert viel Sauerstoff und wirkt dadurch stressabbauend. Wird sie richtig gepflegt, kann sie ohne Probleme eine Höhe von vier Metern erreichen. Eine Anschaffung fürs Leben.

WAS IST ZU TUN?

GIESSEN
Wöchentlich mit Regen- oder entkalktem Wasser gießen. Dazwischen die Erde abtrocknen lassen, nur der Wurzelballen darf nicht austrocknen. Ab und zu mit Regenwasser besprühen.

DÜNGUNG
In der Sommerzeit sollte die Kentia wöchentlich mit Flüssigdünger für Palmen versorgt werden. Und zum Standort: Der sollte hell sein, aber ohne direkte Sonneneinstrahlung.

SONSTIGES
Da die Kentia mit ihren hübschen Federblättern langsam wächst, muss sie nur alle vier bis sechs Jahre umgetopft werden. Ihre Heimat ist die Lord-Howe-Inselgruppe östlich von Australien.

Schnell muss noch ein Frühbeet her

Wie aus dem Hochbeet ein Frühbeet wird

Mit ein paar Metern PE-Rohr und einer UV-stabilen Folie lässt sich schnell aus dem Hochbeet ein Frühbeet bauen. Einfach aus dem PE-Rohr Bögen formen und an den Beeträndern befestigen, dann eine Folie darüberspannen – fertig. Anschließend das Beet mit Kompost und Erde auffüllen. So können Salat, Spinat oder auch Radieschen je nach Witterung und Standort den ganzen Winter über geerntet werden. Immer eine Wühlmaussperre anbringen.

WAS IST ZU TUN?

ERSTE LAGE
Der unterste Grund sollte mit Garten-Strauchschnitt oder Hackschnitzeln beziehungsweise Rindenmulch gefüllt werden. Das sorgt für eine gute Drainage.

ZWEITE LAGE
Sie wird mit reifem Kompost aufgefüllt, und der sollte auch den größten Anteil im Hochbeet einnehmen. Der Kompost sorgt durch die Mikroorganismen für Nährstoffe und Wärme.

DRITTE LAGE
Wird mit Pflanzerde aufgefüllt, in der die jungen Pflanzen bestens anwachsen. In ihr sind auch keine Wildkräuter vorhanden, die den Jungpflanzen den Platz streitig machen könnten.

Notizen, Ideen & Erfolge

....

....

....

Zu viel Regen in der kalten Jahreszeit

Ein nasser Winter schadet den Bäumen

Nach einem trockenen Sommer benötigen Bäume den Regen. Der Boden um die Wurzeln herum saugt sich voll wie ein Schwamm und versorgt sie im nächsten Jahr mit Wasser. Empfindliche Bäume wie der Fächerahorn (*Acer palmatum*) oder die Blaue Scheinzypresse (*Chamaecyparis lawsoniana ‹Columnaris›*) mögen aber keine nassen Füße. Schnell erkranken sie an Wurzelfäule. Der Krankheitsverlauf ähnelt dem der Wassernot, weshalb in der Folge fälschlicherweise vermehrt gegossen wird. Das begünstigt den Krankheitsverlauf bis zum Totalausfall der Bäume.

WAS IST ZU TUN?

DRAINAGE
Bei zu viel Wasser sollte der Boden mit einer Drainage versehen werden. Dazu dient Blähton, Sand oder auch Kies. Überflüssiges Wasser läuft so schnell ab.

VORBEUGEN
Bei Neupflanzungen sind empfindliche Gewächse erhöht oder auf einem kleinen Hügel einzusetzen. Es besteht dann keine Staugefahr.

SCHADBILD
Blätter erscheinen im Sommer nicht sattgrün. Das Wachstum ist eingeschränkt, die Ernten bleiben aus, und die Bäume sind anfällig für viele Krankheiten und Schädlinge.

Notizen, Ideen & Erfolge

....

....

....

Kleine, klebrige, watteähnliche Tierchen sind unterwegs

Was tun bei Wollläusen?

Zu den schwer bekämpfbaren Läusearten gehören Schild- und Wollläuse (*Coccoidea*). Sie fügen den Pflanzen Schäden zu, indem sie das Blatt anstechen und den Pflanzensaft aussaugen. Außerdem scheiden sie überflüssigen Pflanzensaft als Honigtau aus. Dieser klebrige Zuckersaft ist der optimale Nährboden für den Schlauchpilz Rußtau, der auch Orchideen schwächt. Bei einem massiven Befall sitzen die Plagegeister gut geschützt unter der Wolle in Blattachsen, unter den Blättern an den Übertöpfen, sogar auf den Fensterbrettern und Fensterrahmen.

WAS IST ZU TUN?

BEKÄMPFEN
Wollläuse lassen sich mit einer Schmierseifenbrühe vertreiben. Dazu 10 bis 20 ml Schmierseife in 1 l warmem Wasser auflösen. Man kann auch Natur-Pyrethrum (Handel) oder Rapsöl nehmen.

ALTERNATIV
Bei starkem Befall empfehle ich Orangenöl. Dieses Mittel lässt sich bedenkenlos einsetzen. Immer mit warmem Wasser einsprühen, dann löst sich die Wachswolle.

HYGIENE
Nach der Behandlung der Pflanzen sollten Stellflächen und Übertöpfe mit heißem Wasser und einem Schuss Spiritus gründlich gereinigt werden.

Orchideen sind eine Winterfreude

Der Klassiker für jedermann

Einst betrachtete man die Orchidee als eine Pflanze für Exzentriker, viel zu elegant und überhaupt zu teuer. Dann konnte man sie irgendwann in jedem Supermarkt erwerben, was sie in ihrem Pflanzenstatus tief sinken ließ. Dabei hat man aus dem Blick verloren, dass Orchideen eine lange Blütezeit haben und gerade im Winter mit den vielen Farben und Formen Wohnräume zum Leuchten bringen. Die wohl meist verkaufte Orchidee ist die grazile Phalaenopsis, die Nachtfalterorchidee. Häufig bekomme ich Anfragen, wie mit dieser Rispen-Schönheit umzugehen ist.

WAS IST ZU TUN?

WÄSSERN
Jede Woche ein Schnapsglas voll oder in Wasser eintauchen? Es kommt darauf an, wo die Orchidee steht. Je heller es ist, umso mehr Wasser braucht sie. Staunässe und Durchzug sind unerwünscht.

WICHTIG
Die Luftwurzeln sollten immer Licht bekommen, denn sie sind die Speicherorgane für Wasser und Nährstoffe, zugleich können sie Fotosynthese betreiben.

DÜNGUNG
Regelmäßig mit einem Orchideensubstrat düngen. Der Dünger wird auch über die Blätter aufgenommen und bringt eine Blütenpracht nach der anderen hervor.

Da haben wir den Salat – und das im Februar

Noch immer gibt es etwas zu ernten

Fast in Vergessenheit geraten ist der Anbau von Wintersalat. Das sollte man aber ändern, denn nicht jeder Salat muss im Winter aus Gewächshäusern stammen. Doch welche Sorten eignen sich für eine Freilandkultur? In meinem Garten ist der Feldsalat die Nummer eins. Für die Keimung muss die Bodentemperatur unter 12 Grad Celsius liegen. In Reihen mit einem Abstand von 10 bis 20 cm wird 0,5 cm tief eingesät. Bis ins Frühjahr hinein kann geerntet werden. Lässt man das Herz stehen, wachsen die Blätter nach, und weitere Ernten sind garantiert.

WAS IST ZU TUN?

AUSSAAT
Sie beginnt von September bis Ende Oktober auf den abgeernteten Beeten. Wintersalat ist mild, schmackhaft und hat einen hohen Gehalt an Vitamin C, Kalzium und Eisen.

STANDORT
Mit wenig Dünger gedeiht Wintersalat auch auf feuchten Böden und verträgt Frost bis zu minus 20 Grad Celsius.

SORTEN
Neben dem Feldsalat eignet sich Winterportulak (auch Kubaspinat oder Tellerkraut genannt). Winterportulak ist extrem vitamin- und mineralstoffreich.

Notizen, Ideen & Erfolge

....

....

....

Bogenhanf passt sich der Inneneinrichtung an

Eine Trendpflanze mit vielen Vorteilen

Wie Schwerter wachsen sie in die Höhe, die schmalen Blätter des Bogenhanfs (*Sansevieria*). Geschützt werden sie von einer ledrigen, stacheligen Spitze. Ihr flammendes, gestreiftes Grün hellt jeden trüben Wintertag auf. Sofort denkt man an subtropische Wüstengebiete, woher diese Sukkulenten-Art auch stammt. Und träumt man so vor sich hin, so muss man auch kein schlechtes Gewissen haben, wenn man sich um diese pflegeleichte Pflanze nicht kümmert. Wer zum Wohndesign ein dunkleres Blatt braucht, stellt den Bogenhanf in den Raum hinein, bei einem helleren Blatt ist ein Fensterplatz perfekt.

WAS IST ZU TUN?

GIESSEN
Bogenhanf benötigt wenig Wasser, da er dieses in seinen Blättern speichern kann. Bei zu viel Wasser werden die Blätter matschig.

DÜNGUNG
Hierbei sparsam sein, denn zu viel Dünger wird nicht vertragen. Im Sommer reicht einmal im Monat ein Grünpflanzendünger.

MEIN TIPP
Sansevierien gehören zu den Pflanzen, die in Räumen sehr viel Sauerstoff produzieren. So gibt es keine dicke Luft zu Hause.

Notizen, Ideen & Erfolge

....

....

....

Die Christ- oder Schneerosen haben plötzlich seltsame Flecken

Statt weißer Blüten braune Blätter

Winter ist Christrosenzeit. Die reinweißen Blüten mit den gelben Staubgefäßen nehmen den Frühling vorweg. Doch plötzlich tauchen am Blattrand der Christrose (*Helleborus niger*) runde braunschwarze Flecken auf. Die Diagnose lautet dann: Schwarzfleckenkrankheit (*Coniothyrium hellebori*). Die Ursache der Flecken ist ein weit verbreiteter Pilz an Christrosen. Er macht aber nicht an den Blättern halt, alle Pflanzenteile können befallen werden. Wichtigste Maßnahme ist das Entfernen der befallenen Blätter und Blüten, die im Restmüll zu entsorgen sind, damit es zu keiner weiteren Ausbreitung kommt.

WAS IST ZU TUN?

PRÄVENTION
Um dieser Pilzerkrankung vorzubeugen, sollten ein zu niedriger pH-Wert und ein zu feuchter Standort vermieden werden.

BEHANDLUNG
Der Pilz lässt sich gut mit Algenkalk behandeln. Die Pflanzen damit einpudern. Der Kalk reguliert den Boden-pH-Wert und verhindert die weitere Ausbreitung der Krankheit.

DÜNGUNG
Eine ausgewogene, kalibetonte Düngung stärkt die Zellwände und macht die Pflanzen widerstandsfähiger.

Nicht jede Pflanze passt zu einem, die Grünlilie ist aber eine Ausnahme

Eine hübsche Pflanze für Anfänger

Trübe Wintertage verleiten zu mehr Schmuck im Haus. Die Grünlilie (*Chlorophytum comosum*) könnte da die richtige Wahl sein, selbst bei Leuten, bei denen Schnittblumen die Köpfe hängen lassen, sobald man sie in eine Vase stellt. Das robuste Liliengewächs hat einen Blattschopf und spargelartige lange Triebe. Es ist nicht nachtragend, wenn es mal ignoriert wird, eine gute Voraussetzung für eine lebenslange Freundschaft. Und mit der Grünlilie zusammen kann man wirklich die nächsten und sogar den letzten Winter erleben.

WAS IST ZU TUN?

GIESSEN
Im Winter befindet sich das Spargelgewächs in der Ruhephase, es braucht nur alle 14 Tage Wasser. In der Sommerzeit sollte wöchentlich gewässert werden.

DÜNGEN
Wird die Grünlilie gut mit Nährstoffen versorgt (ideal ist ein Grünpflanzendünger), entwickeln sich viele Kindel, das sind Babypflanzen.

MEIN TIPP
In der kalten Jahreszeit ist die Grünlilie eine hübsche Ampelpflanze, in der Beet- und Balkonzeit macht sie sich gut neben anderen Pflanzen im Balkonkasten.

Notizen, Ideen & Erfolge

....

....

....

Wissenswertes über Böden

Bevor das große Wachsen losgeht, hilft Bodenkunde

Damit alles im Garten prächtig gedeiht, hilft es, mehr über die Beschaffenheit von Böden zu wissen. Wichtig ist, den pH-Wert zu kennen. Er zeigt an, wie sauer oder alkalisch der Boden ist. Bei bestimmten Werten sind einige wichtige Nährstoffe für spezielle Pflanzen nicht mehr zugänglich, sodass manchmal der pH-Wert geändert werden muss. Es ist einfacher, den sauren Boden alkalischer zu machen als den alkalischen saurer. Um den Boden alkalischer zu machen, zum Beispiel den pH-Wert von 5 auf 6 zu bringen, mische ich 200 g Kalk auf einem Quadratmeter Gartenboden unter, am besten sechs Wochen vor dem Pflanzen. Um den Boden um einen pH-Wert saurer zu machen, 40 g schwefelsaures Ammoniak pro Quadratmeter untermischen.

WAS IST ZU TUN?

SAURER BODEN
Einige Pflanzen wie Heidelbeeren, Hortensien oder Rhododendron mögen einen besonders sauren Boden, da sollte der pH-Wert dann bei etwa 4,5 liegen.

NEUTRAL
Die meisten Pflanzen wachsen in einem neutralen Boden. Der pH-Wert liegt dann bei etwa 6,5. Labore testen Bodenproben. Es gibt auch Teststreifen im Handel.

WICHTIG
Wer den pH-Wert im eigenen Garten verändert, sollte regelmäßig nachmessen, denn Veränderungen treten oft erst nach vier Wochen auf.

Der Boden ist das größte Kapital

Die Sache mit dem guten Humus

In jedem Boden ist allerhand organisches Material enthalten, einiges liefert die Natur, aber andere Stoffe werden von uns hinzugefügt. All diese Stoffe sind eine wichtige Voraussetzung für den Humusaufbau. Humus wiederum ist entscheidend für die Wasserspeicherfähigkeit sowie die Bodenstruktur. Schwere Böden sind dann weniger klebrig und sandige nährstoffreicher. Der perfekte Gartenboden enthält eine ausgewogene Mischung aus Sand, Lehm und Humus; ist er feucht, lässt die Erde sich zu Kugeln kneten, im trockenen Zustand bleibt sie weich.

WAS IST ZU TUN?

BODENPFLEGE
Am wichtigsten ist immer noch der Kompost. Sein regelmäßiges Einarbeiten macht den Boden nährstoffreich und hält die Pflanzen fit.

BODENSCHUTZ
Durch das Mulchen der Gartenerde wird der Humusaufbau gefördert, die Wasserspeicherfähigkeit und das Bodenleben werden verbessert.

DÜNGER
Ein gesunder Boden ist voll mit natürlichen Nährstoffen. Bei guter Humuserde wird weniger Dünger gebraucht.

Notizen, Ideen & Erfolge

....

....

....

Zum Schaltjahr noch ein paar Tipps zum Düngen

Richtiges Düngen ist ressourcenschonend

Grundsätzlich sollten nur organisch-biologische Dünger verwendet werden, also Dünger, die allein aus dem bestehen, was auch wirklich in der Natur vorkommt. Viele organische Düngemittel wirken nur langsam und müssen im Herbst ausgetragen werden, im Gegensatz zu Hornspänen, die ausgebracht werden, kurz bevor die Pflanze organischen Dünger benötigt. Gut durchgerottetes organisches Material vom Kompost untergraben, das macht den Boden noch fruchtbarer.

WAS IST ZU TUN?

GRÜNDUNG
Erbsen, Bohnen oder die blaue Lupine führen dem Boden Stickstoff zu. Beim Abschneiden in Bodenhöhe die Wurzeln also unbedingt in der Erde lassen.

ORGANISCH
Zu den organischen Düngern zählen: Hornspäne, Hornmehl, Schafwolldünger, Melasse, Rinderdung und Steinmehl.

ABFÄLLE
Pferdemist, Laub, Gartenabfälle und organische Küchenabfälle wie Kaffeesatz, Teebeutel, Obstschalen oder Gemüsereste eignen sich ebenfalls als organischer Dünger.

MÄRZ

In der Natur gibt's keinen kahlen Boden, alles ist bedeckt

Mulchen kann man auf vielerlei Art

Mulchen ist eine Flächenkompostierung, wie sie in der Natur von selbst passiert. Im Garten schützt eine Mulchdecke den Boden, verhindert Unkrautwuchs und liefert Futter für tierische Gartenbewohner. Der Boden bleibt locker, sodass sich auch Regenwürmer und Mikroorganismen in ihm wohlfühlen und für eine gesunde Erde sorgen. Den Pflanzen werden dadurch Nährstoffe bereitgestellt. Das spart Dünger!

WAS IST ZU TUN?

KOMPOST
Unterschieden wird zwischen reifem und halbreifem Kompost, Ersterer ist hochwertiger. Gehäckseltes Stroh finden Erdbeeren klasse. Macht auch das Ernten leichter und sauberer!

GRÜNDUNG
Es gibt Gründünger-Saaten (Senfsaaten, Ölrettich usw.), die nach der Ernte ausgesät werden. Sie bedecken den Boden und werden später abgemäht, sodass sie verrotten können.

GARTENABFÄLLE
Der Rasen- oder Wiesenschnitt eignet sich zum Mulchen, der Heckenschnitt sollte zwischen die Beerensträucher kommen, Holzhäcksel oder Rindenmulch auf Gartenwege und Pflanzbeete.

Notizen, Ideen & Erfolge

....

....

....

Auch ein Boden kann sauer sein

Moose mit großer Filterkraft

Meine Hortensien und Rhododendren benötigen einen sauren Boden, also einen niedrigen pH-Wert. Durch regelmäßiges Gießen mit kalkhaltigem Leitungswasser steigt der pH-Wert im Boden oder auch in den Töpfen. Dann geht's den Moorbeetpflanzen schnell schlecht. Aus dem harten Leitungswasser mache ich aber weiches Wasser. Dazu harke ich Moos aus meinem Rasen und fülle damit meine Regentonnen. Das Moos filtert und bindet die Mineralien aus dem Wasser. So erhalte ich weiches Gießwasser. Die Moose besitzen eine Oberfläche, die nicht durch eine Wachsschicht geschützt ist. Dadurch haben sie eine hohe Filterkraft.

WAS IST ZU TUN?

MOORBEET
Zu den Moorbeetpflanzen zählen: Azaleen, Rhododendron, Heidepflanzen, Hortensien, Kamelien und Blaubeeren.

KALKLIEBHABER
Kalkliebende Pflanzen gedeihen besonders gut mithilfe von Gründünger-Saaten, die nach der Ernte ausgesät und abgemäht verrotten.

MEIN TIPP
Viele tropische Zimmerpflanzen wie Orchideen, Palmen, Kakteen oder Drachenbäume benötigen ebenfalls einen leicht sauren Boden.

An der Rosenrinde sind schwarze Flecken

Hilfe, meine Rosen leiden

Recht häufig tritt an den Trieben von Rosen eine Pilzerkrankung auf, meist als Rindenflecken- oder Brandfleckenkrankheit bezeichnet. Erkennbar ist sie an rötlich gefärbten Flecken in der Nähe der Augen. Umfasst die Befallstelle den gesamten Trieb, stirbt er ab. Der Befall kann sich aber auch weiter nach unten ausbreiten und so den Wurzelhals erreichen und die ganze Pflanze schädigen.

WAS IST ZU TUN?

RÜCKSCHNITT
Befallene Triebe sollten bis ins gesunde Holz zurückgeschnitten werden.

BEHANDLUNG
Eine Behandlung ist in allen Stadien mit einem Tee aus getrockneter Schafgarbe möglich. Am besten jede Woche einen solchen Sud verabreichen.

ZUBEREITUNG
Schafgarbe wird im Sommer gesammelt und getrocknet. Für den Tee: 15 bis 20 g getrocknetes Kraut in 1 l Wasser (kalt) 24 Stunden einweichen. Danach aufkochen und ziehen lassen.

Notizen, Ideen & Erfolge

....

....

....

....

....

Futter für die kleinen Gartenhelfer

Was mache ich mit meinem Laub?

Schon häufiger wurde folgende Frage an mich gerichtet: «Ich habe Laub unter meinen Sträuchern verteilt. Lasse ich das im Frühling liegen?» Meine Antwort: Das Laub ist zuerst Futter für alles, was im Boden lebt, und dann in zweiter Instanz für die Pflanzen selbst. Also unbedingt liegen lassen. Sollte es nicht schnell genug verrotten, hilft eine Handvoll Schnellkomposter, das ist ein Turbostarter für die Mikroorganismen, die das Laub zersetzen. Zudem macht die Kompostzugabe das Laub noch wertvoller. Beste Lauberde wünscht sich fast jede Pflanze.

WAS IST ZU TUN?

LAUBERDE
Im Herbst Laub in einem Haufen aufschichten und einige Hände Schafwolldünger untermischen. Den Winter über alles mit Erde abdecken. Im nächsten Jahr ergibt das eine schöne Lauberde.

FÜR WEN?
Lauberde wird von Hortensien und Rhododendron geliebt und eignet sich zum Untermischen in Blumenerden und im normalen Kompost.

MEIN TIPP
Am besten nur Laub aus dem eigenen Garten nutzen. Straßenlaub kann mit Streusalz oder anderen Schadstoffen verunreinigt sein.

Notizen, Ideen & Erfolge

....

....

....

Aus der Kinderstube der Pflanzen

Wie aus Samen kräftige Jungpflanzen werden!

Wann wir mit der Aussaat anfangen, hängt erst einmal von der jeweiligen Pflanze ab. Doch die Pflanzenwelt gibt so viel her, dass es jeden Monat etwas zum Aussäen gibt. Die Freude ist immer groß, wenn sich aus dem winzigen Samenkorn später eine kräftige Pflanze entwickelt. Das bekommt man bei bestimmten Voraussetzungen problemlos hin. Die fünf wichtigsten Bedingungen dafür sind Wärme, Feuchtigkeit, Licht, Sauerstoff und Aussaaterde. Je nach Jahreszeit ist zu entscheiden, ob die Saat vorkultiviert werden muss oder man direkt säen kann.

WAS IST ZU TUN?

AUSSAATERDE
Unbedingt Aussaaterde verwenden; diese ist fein und durchlässig (so kann Wasser abfließen, was Fäulnis vorbeugt), hat wenig Nährstoffe und ist frei von Unkraut.

LICHT
Bekommen die Sämlinge zu wenig Licht, neigen sie dazu, zu verkümmern. Sie nutzen dann ihre letzten Reservestoffe, um in die Höhe zu wachsen und ans Licht zu kommen.

WASSER
Auch wenn die Saat oft feucht gehalten werden soll, so ist darauf zu achten, dass die Erde nicht zu nass ist. Sonst fangen die Sämlinge schnell zu faulen an.

Was bedeutet Vorkultur?

Gärtner und Gärtnerinnen als Geburtshelfer

Tomaten, Paprika, Peperoni, Auberginen und viele Beet- und Balkonpflanzen haben eine lange Kulturzeit. Darum werden diese unter gleichmäßig warmen Bedingungen im Gewächshaus oder auf der Fensterbank vorgezogen und nicht gleich ins Beet ausgebracht. Blumen- und Gemüsepflanzen werden stattdessen in kleinen Töpfen oder Schalen mit Aussaaterde gesät und somit vorkultiviert. Aber weil nicht alle das Umtopfen nach dem Vorziehen vertragen, sollte man beispielsweise Karotten oder Radieschen direkt ins Beet säen (Direktsaat).

WAS IST ZU TUN?

BESPRÜHEN
Regelmäßiges Besprühen und Abdecken der Aussaattöpfe ist bis zum Keimen sehr wichtig.

STANDORT
Nach dem Keimen dürfen die kleinen Pflanzen ruhig ein bisschen kühler stehen.

MEIN TIPP
Sämlinge werden kompakt und stark, wenn man sie jeden Tag streichelt. In der Natur übernimmt das der Wind. Einfach mal versuchen!

Notizen, Ideen & Erfolge

....

....

....

....

Die Hartriegelblätter sind infiziert

Dunkle Flecken am kostbaren Blütenhartriegel

An den Blättern von Cornus-Arten (Hartriegel) können verschiedene Krankheiten und Schädlinge auftreten. Häufig zu beobachten sind Hartriegelpflanzen, deren Blätter auffällig viele braune Flecken aufweisen, mal klein, mal großflächig, die zu Nekrosen an Trieben und Zweigen führen können. Diese Blattflecken sind wesentlich durch Pilze bedingt (*Phyllosticta*, *Septoria*, *Ascochyta*, *Ramularia*), können aber auch durch Bakterien (*Pseudomonas*) entstehen. Die Krankheit wird Blattbräune, auch Anthraknose, genannt.

WAS IST ZU TUN?

MASSNAHME
Damit sich der Hartriegel wieder regeneriert, ist ein radikaler Rückschnitt die beste Option. Auch alles Herbstlaub sollte von diesem Zierstrauch entfernt werden.

BEHANDLUNG
Ein Tee aus Meerrettich kann helfen. 200 g frische Pflanzen oder 20 g getrocknete (zerkleinert) 24 Stunden in kaltem Wasser unverdünnt ziehen lassen und aufsprühen.

MEIN TIPP
Ein lockerer Stand und regelmäßiges Auslichten sorgen für ein schnelles Abtrocknen der Pflanze und senken auf diese Weise ein Befallrisiko.

Die Buchenhecke bekommt so komische Knubbel auf den Blättern

Mückenlarven umschließen sich mit einer harten Hülle

Die Larven gehören zur Buchenblatt-Gallmücke (*Hartigola annulipes*), sie sind an den Buchen in Europa weit verbreitet. Die erwachsenen Gallmücken treten von Mai bis Anfang Juni auf. Sie legen ihre Eier auf der Unterseite von jungen Blättern ab. Die Gallbildung erfolgt durch das Saugen der weißlichen Larven. Das wuchernde Blattgewebe umwächst die Larve. Somit entsteht eine zirka 4 mm hohe, gelblich, später im Jahr rötlich gefärbte Galle, in der sich die Larve geschützt entwickeln kann.

WAS IST ZU TUN?

SCHADBILD
Die Gallen treten häufig entlang der Blattadern auf. Im Herbst fallen sie auf den Boden. Das Blatt wird an dieser Stelle mit einem Deckel verschlossen und dient später der Mücke als Ausschlupfloch.

ÜBERWINTERN
Das erfolgt in den Gallen, wobei ein feuchter Boden dies begünstigt. Im nächsten Frühjahr verpuppen sich die Larven, und nach zwei, drei Wochen schlüpfen die erwachsenen Tiere.

GENERATIONEN
Jährlich entwickelt sich nur eine Gallen-Generation. Und Trost gibt es auch: Die Punkte beeinträchtigen die Schönheit der Buche, schaden ihr aber nicht.

Notizen, Ideen & Erfolge

....

....

....

Käferähnliche Insekten haben es auf die Bohnen abgesehen

Invasion aus Ostasien

Hat der fliegende Käfer auch noch Punkte auf dem Rücken, war es wohl die Grüne Reiswanze (*Nezara viridula*). Durch den globalen Handel wurde sie erstmals 1979 bei uns nachgewiesen. Zu ihren Wirtspflanzen gehören Leguminosen, also Hülsenfrüchte. Die Wanze durchläuft insgesamt fünf, in der Farbe stark unterschiedliche Larvenstadien. Die zylindrischen Eier werden vom Weibchen in kleine, einschichtige Gelege, bestehend aus vierzig bis achtzig Stück, bevorzugt auf der Blattunterseite abgelegt. Die erwachsenen Tiere besitzen eine wanzentypische Erscheinung.

WAS IST ZU TUN?

SCHADBILD
Die Wanze saugt gern an Früchten. Flecken und Verkorkungen sind die Folge und mindern Erträge und Geschmack. Die Einstichstellen können von Pilzen als Eintrittspforten genutzt werden.

BEHANDLUNG
Eine Neem-Behandlung am frühen Morgen oder in späten Abendstunden soll die Wanzen in Schach halten. Jedenfalls laut Gebrauchsanweisung und eigener Erfahrung.

MEIN TIPP
Die Grüne oder Gemeine Stinkwanze sieht der Reiswanze sehr ähnlich. Ein Merkmal zur Unterscheidung: Die Reiswanze hat eine Punktreihe am unteren Ende des Halsschilds.

....

....

....

Kahlstellen im Rasen

Ein Weg zur geschlossenen Rasendecke

Der noch frühe März ist ein guter Zeitpunkt, um kahle Stellen im Rasen auszubessern. Dazu die Erde an den Lücken ein wenig auflockern und Unkraut, Moose oder Steine entfernen. Dann die Nachsaat auf die Fläche verteilen und die Samen vorsichtig festtreten, sodass sie Bodenkontakt haben. Wichtig ist, dass diese Flächen regelmäßig gewässert werden, damit die Saat zügig aufläuft. In der Keimphase ist sie am empfindlichsten und vertrocknet schnell.

WAS IST ZU TUN?

SAAT-TIPP 1
Hochwertige Saaten haben bis zu 80 000 Halme pro Quadratmeter, im Gegensatz zu Mischungen wie «Fürst Pückler» oder «Berliner Tiergarten» mit nur 20 000 Halmen!

SAAT-TIPP 2
Die Aufwandmenge sagt viel über die Qualität aus: 20 g pro Quadratmeter zeigt das richtige Saatgut an. Günstigere Mischungen benötigen oft 40 g bis 60 g pro Quadratmeter.

SAAT-TIPP 3
Wenn die Saat leicht mit Erde abgedeckt wird, keimt sie schneller. Aber Vorsicht, nicht zu dick abdecken, sonst tut sie das nicht. Rasen ist ein Lichtkeimer.

Notizen, Ideen & Erfolge

Der Buchsbaumzünsler treibt sein Unwesen

Grün und gefräßig wird dem Buchsbaum der Garaus gemacht

Der Buchsbaumzünsler (*Cydalima perspectalis*) ist ein Kleinschmetterling aus Asien, dessen Raupen schon frühzeitig im Jahr zu fressen anfangen. Oft wird erst sehr spät bemerkt, wie die Nimmersatt-Raupen sich von innen nach außen durchfuttern. Sie vertilgen alles, bis auf das Gerippe der Strauch- und Heckenpflanze. Der Befall ist dann oft so massiv, dass die Pflanze eingeht. Mit den richtigen Mitteln kann man gegen diesen Zünsler etwas unternehmen. Etwa indem man die Pflanzen so stärkt, dass sie mit einem Schädlingsbefall klarkommen.

WAS IST ZU TUN?

ALGENKALK
Wird Algenkalk über die Blätter gepudert, munden sie dem Zünsler nicht mehr. Zugleich wird mit den mineralischen Inhaltsstoffen der Buchsbaum gestärkt.

BEHANDLUNG
Von Algenkalk stirbt der Zünsler nicht, was ja auch beabsichtigt ist. Die Pflanzen nun mit Neem tropfnass einsprühen (und zwar von innen!).

MEIN TIPP
Das Spritzmittel darf nicht schnell abtrocknen. Je länger das Mittel auf den Blättern bleibt, desto besser wirkt das Neem. Deshalb den Buchsbaum am besten morgens oder abends einsprühen.

....

....

....

Wühlmäuse haben einen Riesenappetit auf Pflanzen

Die pelzigen Nager können viel Schaden anrichten

Junge Obstbäume werden von ihnen nur zu gern an den Wurzeln benagt, jegliches Knollengemüse wird hemmungslos angefressen, und um Blumenzwiebeln machen die Wühlmäuse leider auch keinen großen Bogen, nicht einmal einen kleinen. Würden sie nur einzelne Pflanzen auffuttern, hätte ich persönlich keine Probleme mit ihnen. Doch was machen sie? Sie knabbern mal hier, mal da, wo es ihnen gerade passt, bis die gesamte Gemüseernte in Mitleidenschaft gezogen ist. Eine wahre Wurzelattacke! Kein anderes Nagetier ist so effizient wie die Wühlmaus.

WAS IST ZU TUN?

GEGENSPIELER
Feind Nummer eins ist das Mauswiesel, denn auf seinem Speiseplan stehen Wühlmäuse. Aber auch Fuchs, Iltis, Marder, Katze, Eulen (Schleiereule) sowie Greifvögel (Mäusebussard) stellen ihnen nach.

VERJAGEN
Schnaps, Fischlake, Buttersäure oder andere geruchsintensive Stoffe in den Gängen der Mäuse können sie verjagen. Auch Zwiebeln von Kaiserkronen. Aber man sollte ihnen eine Fluchtmöglichkeit lassen.

MEIN TIPP
Eine Ablenkungsfütterung mit Topinambur. Außerdem können Pflanzen mit einem Drahtkorb gesichert werden, das Geflecht sollte am besten verzinkt sein (Maschenweite zirka 15 mm).

Wenn alle Blätter an der Ligusterhecke angefressen sind

Die Heckenpflanze, die jeder kennt

An den Blättern des Ligusters (*Ligustrum vulgare*) kann der Buchtenfraß auftauchen – es sieht dann aus, als würde ein Schaffner aus früheren Zeiten mit seiner Zange eine Fahrkarte entwerten. Diese unschönen halbkreisförmigen Stellen gaben der Krankheit ihren Namen. Ab Mai ist der Übeltäter, der Dickmaulrüssler (*Otiorhynchus sulcatus*), im Einsatz, aber jetzt sollte man schon vorbeugen mit neuen Nematoden-Stämmen, die ab einer Bodentemperatur von 5 Grad Celsius einsetzbar sind.

WAS IST ZU TUN?

LARVEN
Der Rüssler-Fraß ist nicht das Schlimmste. Die Larven laben sich jedoch unterirdisch an den Pflanzenwurzeln. Ein Absterben ist dann vorprogrammiert.

BEHANDLUNG
Tontöpfe mit Holzwolle als Versteck auslegen. Vormittags schaue ich darunter und sammle die Käfer ein.

MEIN TIPP
Wirkungsvoll ist, den Fressfeinden des Käfers Raum im Garten zu überlassen: Igel, Kröte, Laufkäfer, Maulwurf und Spitzmaus. Damit sie sich wohlfühlen, sollte es für die Tiere mehr Nischen geben.

Notizen, Ideen & Erfolge

....

....

....

Die Kaiserkrone kommt aus der Erde

Die Krone geht den Wühlmäusen gegen den Strich

Kaiserkronen (*Fritillaria imperialis*) sind Zwiebelpflanzen und werden zwischen 60 und 100 cm hoch. Sie begeistern im Garten mit ihren prächtigen Blüten in Gelb, Rot oder Orange. Das Liliengewächs benötigt einen durchlässigen und nährstoffreichen Boden. Einst wuchsen sie dort prächtig, wo der Bauer sein Geschäft machte. Also, wenn die Kaiserkrone nicht so richtig wachsen will, sollte man sie ordentlich mit Kompost düngen. Auf Wühlmäuse hat sie eine abschreckende Wirkung, denn die Zwiebeln sind giftig und stinken gewaltig.

WAS IST ZU TUN?

STANDORT
Bei der Wuchshöhe ist ein Pflanzabstand von 50 cm ideal. Ebenso ein sonniger Standort mit gutem Wasserabzug. Lehmböden werden mit Sand durchlässiger.

GIFTIG
Die Pflanze enthält die Giftstoffe Imperialin und Fritillin. Die höchste Konzentration befindet sich in der Zwiebel, aber auch in der Blüte sind sie vorhanden.

MEIN TIPP
Im Spätsommer die Samen der Pflanze sofort aussäen, da sie Frost benötigen, um zu keimen. Bis die so gezogenen Kaiserkronen blühen, kann es bis zu sechs Jahre dauern.

Moos in der Tasche ist besser als im Rasen

Grüne Polster haben auch gute Eigenschaften

Moos im Rasen möchte keiner haben. Ursache hierfür ist oft, dass er nicht genügend Nährstoffe bekommt (meist zu wenig Stickstoff). Als Starkzehrer möchte der Rasen mit viel Dünger versorgt werden, sonst entstehen Lücken, in denen wunderbar Moos gedeiht. Auch Staunässe oder ein zu schwerer, zu dichter Boden können dem Moos eine Chance geben. Wer es aus dem Zierrasen verbannen möchte, sollte ihn regelmäßig düngen, dann löst sich das Problem von selbst.

WAS IST ZU TUN?

KALK
Kalk ist nicht die große Lösung, damit das Moos im Rasen verschwindet, denn auch das Moos freut sich über eine Extraportion davon.

VERNICHTER
Ein Moosvernichter ist ebenfalls nur eine kurzzeitige Lösung, denn wenn der Rasen nicht gedüngt wird, ist das Moos bald wieder im Vormarsch.

MEIN TIPP
Der Rasen sollte unbedingt sechs Monate im Jahr mit Dünger versorgt werden, damit er sich gut entwickeln kann. Weniger lässt den Rasen verhungern und licht werden.

Notizen, Ideen & Erfolge

....

....

....

Narrentaschen an der Zwetschge

Manchmal wird man im Garten veräppelt

Der Schlauchpilz (*Taphrina pruni*) verursacht die Narrentaschenkrankheit. Das klingt interessant, aber was er anrichtet, ist wenig erfreulich. Die Krankheit trägt diesen Namen, weil der Erreger Zwetschgen und Pflaumen wie kleine Taschen aussehen lässt. Infizierte Früchte bilden keinen Kern aus, somit sind sie nicht nur äußerlich, sondern auch im Innern taschenähnlich. Anfangs wachsen die Früchte sehr gut und schnell, mit einer glatten, hellgrünen Oberfläche. Erst spät verändern sie sich, die Oberfläche wird gelblich-grau und runzelig, das Fruchtfleisch bleibt grün. Sie halten uns zum Narren.

WAS IST ZU TUN?

KNOBLAUCH
Spritzungen zur Blütezeit sind mit einem Knoblauchtee möglich (siehe 10. September). Im Frühjahr infiziert der Pilz die Fruchtknoten, er liebt Schmuddelwetter.

FRÜCHTE
Die Zwetschgen sind nicht giftig, schmecken aber nach nichts. Nach dem Ausschleudern der Sporen schrumpfen die Früchte von der Spitze her, faulen und fallen vorzeitig ab.

SORTENWAHL
Befallene Früchte frühzeitig abpflücken. Sorten, die weniger anfällig für den Pilz sind: Wangenheimer Frühzwetschge, Bühler Frühzwetschge, Pflaumensorte President.

Verjüngungskur für den Lavendel

Generalüberholung mit Schere

Lavendel (*Lavandula angustifolia*) muss immer wieder geschnitten werden, sonst vergreisen die Pflanzen, werden blühfaul und fallen auseinander. Im Vorfrühling lassen sich verholzte Lavendelpflanzen durch einen starken Rückschnitt rundumerneuern. Diesen kann man aber nur starten, wenn die große Frostgefahr vorüber ist. Dazu in den Lavendel hineinschauen: Sind innen kleine frische Triebe zu erkennen, kann die Schere in die Hand genommen werden. Nur so tief schneiden, dass die jungen Triebe erhalten bleiben.

WAS IST ZU TUN?

AUSTRIEB
Sollte im Innern des Lavendels kein Austrieb zu erkennen sein, ist mit dem Rückschnitt noch ein wenig zu warten.

SCHNITT
Immer eine scharfe Schere verwenden. Die Pflanze verzweigt sich an den Schnittstellen und bleibt so schön buschig. Ist auch bei Salbei anzuwenden.

MEIN TIPP
Lavendel lässt sich von Mai bis Juni leicht selbst aussäen. Die Lavendelsamen müssen nur leicht mit Erde bedeckt werden, da es sich bei ihm um einen Lichtkeimer handelt.

Notizen, Ideen & Erfolge

....

....

....

Ohne Blumenerde keine Pflanzzeit

Pflanzen stehen auf Blumenerde

Langsam geht die Pflanzzeit los, und die Frage ist oft, woran eine gute Blumenerde zu erkennen ist. Im Handel gibt es eine ganze Palette an Blumenerden. Wichtig zu wissen ist, dass eine Universalerde für alle Pflanzen geeignet ist, ausgenommen sind Moorbeetpflanzen (diese brauchen einen sauren Boden, also Rhododendronerde), Sämlinge (sie brauchen Aussaaterde) oder Kakteen und Sukkulenten (sie benötigen eine sandige, nährstoffarme Erde; es gibt spezielle Kakteenerden).

WAS IST ZU TUN?

QUALITÄT
Es muss nicht immer die teuerste Blumenerde sein. Aber die günstigste sollte auch nicht genommen werden. Wer auf Nummer sicher gehen möchte, setzt auf Markenerden.

WICHTIG
Die Erde sollte torffrei oder zumindest torfreduziert sein (der Abbau von Torf zerstört Moore). Weiterhin sollte sie nachwachsende Rohstoffe aus Europa enthalten und nicht welche aus Übersee.

MEIN TIPP
Bei großen Kübeln, die bepflanzt werden sollen, kann die unterste Schicht auch mit Kompost gefüllt werden. So wird Blumenerde gespart.

Notizen, Ideen & Erfolge

....

....

....

Das Leben beginnt in den Saatkisten

Eine warme Saatkiste für neue Pflanzen

Blumen, Gemüse oder Kräuter sollten in separaten Fächern gesät werden. Die ersten Jungpflanzen stehen dann bald in den Startlöchern, so etwa Tomaten, Paprika oder Auberginen, ebenso einige Blühpflanzen. Wer LED-Pflanzenlicht hat, kann die Gewächse auch problemlos im Keller anziehen. Es ist spannend zu beobachten, wie eine Pflanze heranwächst, so sichert man sich auch in der Natur den Fortbestand. Gerade bei Stauden, einjährigen Sommerblumen und samenfesten Gemüsearten ist die Aussaat entscheidend für die Fortpflanzung.

WAS IST ZU TUN?

NACHKOMMEN
Jungpflanzen wachsen zu vermehrungsfähigen Pflanzen heran. Im Samen ist das Saatgut beider Elternteile enthalten, neu kombiniert. So bleibt die genetische Vielfalt erhalten.

AUSSAAT
Der Journalist und Literaturkritiker Carl Ludwig Börne (1786–1837) schrieb einmal den Satz: «Die Lebenskraft eines Zeitalters liegt nicht in seiner Ernte, sondern in seiner Aussaat.»

MEIN TIPP
Die Erde der Jungpflanzen mit feinem Sand abdecken. Das sorgt dafür, dass keine Trauermücken einziehen.

Wie oft muss die Blumenerde ausgetauscht werden?

Pflanzen brauchen hin und wieder eine Auffrischung

Herbst- und Frühlingsblüher dürfen in derselben Erde wie im Vorjahr gepflanzt werden. Aber unsere auf Hochleistung gezüchteten Beet- und Balkonsommerblumen brauchen jedes Jahr frische Erde, um prächtig zu gedeihen. Denn nur Pflanzen, deren Wurzeln sich richtig entfalten können, sind gesunde Pflanzen. Die Wurzeln sind das Gehirn der Pflanze, hier wird kommuniziert und ausgetauscht, Nahrung abgeschmeckt und Luft geholt. Das geht nur in einer guten, frischen Erde.

WAS IST ZU TUN?

BEET/BALKON
Pflanzen in Beeten und auf dem Balkon gehören zu den Starkzehrern und sollten jede Woche mit Nährstoffen versorgt werden.

GERANIENERDE
Geranienerde ist eine hochwertige Spezialerde und besonders gut für alle Beet- und Balkonpflanzen geeignet. Sie gleicht Schwankungen im Wasser- und Nährstoffangebot aus.

MEIN TIPP
Spare lieber an der Pflanze und kaufe kleinere, aber niemals an der Erde. Kleine Pflanzen gedeihen schnell in guter Erde. Gute Pflanzen leiden in schlechter Erde.

Notizen, Ideen & Erfolge

....

....

....

Bald blüht dir was!

Warten auf die Wachsschicht

Zum Frühling hin will jeder seine Pflanzen wieder auf den Balkon stellen. Aber dabei ist darauf zu achten, dass sie nicht gleich den ganzen Tag über der Sonne ausgesetzt sind (die Märzsonne ist recht stark). Sie sollten sich besser stundenweise an die Strahlen gewöhnen. Oder anfangs nur im Schatten sein, damit sich nach und nach eine schützende Wachsschicht auf den Blättern bilden kann. Ansonsten gibt es einen Sonnenbrand (Pflanzen werden nur nicht krebsrot wie wir Menschen, sondern bekommen braune Blätter). Nach zehn Tagen haben sie sich dann an die Sonne gewöhnt.

WAS IST ZU TUN?

SONNE
Nicht jede Pflanze verträgt die pralle Sonne und ist gegen sie abgehärtet. Eine typische Schattenpflanze ist die Fuchsie oder das Fleißige Lieschen.

KÜBELPFLANZE
Auch Kübelpflanzen sollten langsam an die Sonne gewöhnt werden, denn diese sind genauso empfindlich wie Jungpflanzen.

MEIN TIPP
Wasserspeicherkästen benutzen, sie sorgen für pflanzliches Wohlbefinden. Aber auch für das menschliche, weil man nicht jeden Tag gießen muss.

Jedes Jahr das Gleiche: Birnengitterrost

Die Sporenlager erinnern an ein Gitter

Immer wieder zeigen sich an den Blättern des Birnbaums unregelmäßige, orangerote Flecken. Die Diagnose: Birnengitterrost (*Gymnosporangium sabinae*), eine Pilzinfektion. Dieser Pilz ist ein Wirtswechsler, für seine vollständige Entwicklung braucht er zwei Pflanzen, den Wacholder und die Birne. Typischerweise zeigen sich am infizierten Wacholder im Frühjahr Triebverdickungen, die unter feuchten Bedingungen zu gallertartigen Strukturen aufquellen. Auf den Blättern naher Birnbäume treten etwas später Verfärbungen auf.

WAS IST ZU TUN?

HILFE

Hilfreich ist ein Birkentee: 300 g frische Birkenblätter in 2 l kochendes Wasser geben und 15 min ziehen lassen. Auf 5 l verdünnen und regelmäßig beim Blattaustrieb den Birnbaum besprühen.

ACHTUNG

Wind verbreitet die Pilzsporen. Über die Wacholdernadeln gelangen sie in die Triebe. Immerhin muss der Pilz jedes Jahr neu übertragen werden, er kann nicht am Birnenbaum überwintern.

MEIN TIPP

Der Wacholder ist lebenslang mit dem Pilz infiziert, eine Heilung ist nicht möglich. Ein Rückschnitt hilft nur kurzzeitig, denn meist hat er sich in der ganzen Pflanze ausgebreitet. Eine Rodung wird dann unausweichlich.

Damit der Sommerflieder später gedeiht

Invasiv, aber trotzdem gern gesehen

Es ist an der Zeit, den Sommerflieder (*Buddleja*) zu stutzen. Dieser blüht im Sommer besonders schön, wenn er jetzt auf etwa 50 cm Zweiglänge zurückgeschnitten wird. Bei einem Schnittverzicht bildet er weniger Blüten und lässt auch im Wachstum nach. Worüber die Schmetterlinge äußerst beleidigt wären, denn dieses Braunwurzgewächs steht bei ihnen hoch im Kurs. Beim Schnitt darauf achten, dass die ursprüngliche Wuchsform erhalten bleibt. Also kein Fassonschnitt.

WAS IST ZU TUN?

SCHNEIDEN
Wird der Sommerflieder im Herbst zurückgeschnitten, kann es gut sein, dass er den Winter nicht übersteht.

DÜNGER
Sommerflieder benötigt nicht viele Nährstoffe, das, was er braucht, kommt aus dem Boden, in dem er wächst.

FÜR DEN BALKON
Sommerflieder gibt es auch in kleiner Ausführung im Kübel, perfekt für den Balkon und die Terrasse. Schmetterlinge sind nun ganz nah zu beobachten.

Notizen, Ideen & Erfolge

Wann ist eine Direktsaat im Garten sinnvoll?

Sparen an der Aussaaterde

Einige unempfindliche Pflanzen lassen sich direkt in den Gartenboden säen. Bohnen, Erbsen, Spinat, Radieschen oder auch Feldsalat gehören dazu. Natürlich brauchen auch diese Samen gute Bedingungen. Die Bodentemperatur sollte nicht mehr schwanken, auch sollte der Boden gut vorbereitet werden (locker und krümelig). Nach der Aussaat sollte dieser mit Vlies abgedeckt werden, so bleiben die Saat und die Wärme im Boden. Später werden die zu eng stehenden Sämlinge vereinzelt. Wenn ich direkt ins Freiland säe, verteile ich ein wenig Aussaaterde auf die Saatfläche, ziehe meine Rillen und säe aus.

WAS IST ZU TUN?

WICHTIG 1
Bei einer zu frühen Aussaat keimt die Saat nur unregelmäßig. Viel Licht sollte vorhanden sein, zu wenig führt zum Vergeilen der Sämlinge (lange und weiche Sämlinge).

WICHTIG 2
Auf Qualitäts-Saatgut mit guter Keimfähigkeit achten! Eine hochwertige Aussaaterde benutzen! Ebenso wichtig: eine korrekte Saattiefe und eine optimale Keim-Temperatur.

WICHTIG 3
Eine gleichmäßige Wasserversorgung. Zu wenig Wasser führt zum Vertrocknen der Saat, und bei zu viel Wasser verfaulen die Sämlinge.

Die Weide – nicht nur eine Futterpflanze für Insekten

Stecklinge fördern die Wurzelbildung

Weiden (*Salix*) sind wunderschöne Bäume oder Sträucher und werden von Insekten («Bienenweide») geliebt. Weidenwasser ist aber auch ein hervorragendes Mittel, um die Bewurzelung von Stecklingen und Jungpflanzen anzuregen. Wer Weidenruten im Garten hat, sollte Stecklinge in einem Eimer mit Wasser wurzeln lassen. Das Weidenwasser kann zum Gießen benutzt werden, es enthält viele Hormone, darunter das Hormon Indol-3-Buttersäure, das die Wurzelbildung fördert.

WAS IST ZU TUN?

SAMMELN
Der richtige Zeitpunkt für das Schneiden der Weiden ist das Frühjahr, da stehen die Weiden voll im Saft. Geschnitten wird nur im eigenen Garten und nicht in der Natur.

ALTERNATIV
Fingerdicke Ruten klein schneiden, die Rinde lösen, und beides in einen Eimer geben. Mit Regenwasser auffüllen und 24 Stunden ziehen lassen. Fertig ist das Weidenwasser.

MEIN TIPP
Korkenzieherweiden eignen sich sehr gut für die Herstellung von Weidenwasser, da sie stets im Zaum gehalten werden müssen. Vielleicht steht ja eine im Nachbarsgarten.

Notizen, Ideen & Erfolge

....

....

....

Kellerasseln können mehr, als wir denken

Krebstiere aus der Urzeit

Ich gebe zu, die Kellerassel sieht nicht gerade niedlich aus, aber sie ist so nützlich. Im Verborgenen durchwühlen Asseln die oberen Bodenschichten und verarbeiten abgestorbene Pflanzenreste und Insekten. In kurzer Zeit sind die organischen Substanzen zu pflanzenverfügbaren Nährstoffen verarbeitet. Sogar ihre eigenen Ausscheidungen werden verwendet, damit ja nichts verkommt. Wer mehr über Tiere weiß, erkennt oft ihren Wert und lernt sie zu schätzen.

WAS IST ZU TUN?

GEGENSPIELER
Kröten, Maulwürfe oder auch Spitzmäuse haben die kleinen Krebstiere zum Fressen gern. Asselfallen kann man sich also sparen.

BESONDERHEIT 1
Um Energie zu sparen, müssen Kellerasseln nicht pinkeln. Andere Lebewesen wandeln Ammoniak in Urin um, die Asseln dünsten Ammoniakgas einfach aus.

BESONDERHEIT 2
Asseln sind findige Metalldetektoren, denn sie nehmen Metalle auf und speichern diese. Ob Kupfer, Zink, Chrom oder Eisen – je mehr davon im Boden ist, umso größer werden sie.

Notizen, Ideen & Erfolge

....

....

....

Blattlauslöwen, die gefährlichen Jäger der Blattläuse

Die gefräßigen Larven der Florfliege

Florfliegen (*Chrysoperla carnea*) sind hübsche Nützlinge, sie sollten mit Insektenhotels und einem naturnahen Garten angelockt werden. Denn: Ihre gefräßigen und räuberischen Larven können bis zu 50 Blattläuse pro Tag vertilgen oder auch bis zu 500, befinden sie sich im Larvenstadium. Deshalb auch der Name «Blattlauslöwe». Die erwachsene Florfliege begnügt sich hauptsächlich mit Pollen und Nektar, aber auch der Honigtau der Blattläuse wird nicht verschmäht. Und weil ein einziges Weibchen bis zu 900 Eier legen kann, ist das außerordentlich effektiv.

WAS IST ZU TUN?

EIABLAGE
Die ovalen Eier der Fliege werden an Stielen direkt in der Nähe von Blattlauskolonien abgelegt. Schlüpfen die Larven, wandern sie abwärts, auf der Suche nach einer passenden Mahlzeit.

KANNIBALEN
Die Florfliegenlarven bewegen unablässig ihren Kopf, bis sie auf ein Blattlausopfer treffen. Mit zangenartigen Kiefern wird es gepackt und ausgesaugt, so geschieht es aber auch mit Artgenossen.

MEIN TIPP
Für Florfliegenlarven gibt es Überwinterungshilfen, denn viele der erwachsenen Tiere kommen nicht durch die kalte Jahreszeit. Mit ein bisschen Hilfe brauchen sie nicht lange, um ihre nützliche Arbeit aufzunehmen.

Die Heimat der Pflanzen sagt viel über ihre Bedürfnisse aus

Wie werde ich zum Pflanzenversteher?

Zuerst einmal sollte man sich über die Einzelteile einer Pflanze informieren, also über Wurzel, Stängel, Blatt, Blüte und Frucht. Dann ist es wichtig zu wissen, wie Pflanzen mit ihrer Umgebung kommunizieren. Pflanzen zeigen uns, was ihnen fehlt. Diese manchmal sehr individuellen Signale sollte man wahrnehmen können, besonders wenn die Pflanzen nicht an ihren natürlichen Standorten stehen, so etwa bei mediterranen Gewächsen und Kräutern (Zitruspflanzen, Oleander, Thymian, Salbei oder Oregano) oder asiatischen Gewächsen (Bambus, Zwergahorn, Orchideen). Sie alle unterscheiden sich in Standort und Pflege.

WAS IST ZU TUN?

WURZEL
Ist die Wurzel gesund, ist auch die Pflanze gesund. Jede Pflanze braucht einen luftigen, humosen und nährstoffreichen Boden, um ordentliche Wurzeln bilden zu können.

BLATT
An den Blättern können wir viel erkennen. Werden die unteren alten Blätter gelb und fallen ab, ist das oft ein Zeichen für einen Stickstoffmangel.

BLÜTE
Ist die Blütenbildung sehr früh und spärlich, sind das oft Notblüten. Die Pflanze möchte ihre Art erhalten und steckt ihre letzte Energie in die Samenbildung, bevor sie stirbt.

Faule Flachwurzler haben es schwer bei Trockenheit

Und plötzlich liegt die Heckenkirsche am Boden

Einfach umgekippt – wie ist das möglich? Der Grund dafür könnte sein, dass wir es mit einem Flachwurzler zu tun haben. Flachwurzler strecken ihre Wurzeln knapp unter der Bodenoberfläche aus. Wasser und Nährstoffe gibt es auch hier, warum also in die Tiefe vordringen? Zumal ein Breitenwachstum dabei hilft, immer neue Quellen zu erschließen. Außerdem sind die oberen Bodenschichten oft besonders nährreich. Bei der Bodenbearbeitung muss unbedingt behutsam vorgegangen werden, da die oben liegenden Wurzeln schnell beschädigt werden können.

WAS IST ZU TUN?

WASSER
Flachwurzler sind darauf angewiesen, dass es regelmäßig regnet, denn ans Grundwasser kommen sie nicht heran. Oft muss man sie mit der Gießkanne unterstützen.

STURM
Eine große Standfestigkeit ist bei Flachwurzlern nicht gegeben, ein heftiger Sturm kann sie aus dem Boden heben und entwurzeln.

FLACHWURZLER
Zu den Bäumen und Gewächsen, die in die Fläche wurzeln, zählen Kastanie, Erle, Kiefer, Azalee, Rhododendron, Hortensie, Forsythie, Magnolie, Liguster oder Lavendel.

Notizen, Ideen & Erfolge

....

....

....

Stickstoff ist der Motor der Pflanze

Was Chemiker so alles entdeckten

Ohne Stickstoff kommen Pflanzen nicht aus. In der Luft ist reichlich davon vorhanden, aber sie können ihn nur selten direkt verwenden, weshalb ihnen dieser zugeführt werden muss – etwa in Form von Dünger. Stickstoff hat in Pflanzen vielfältige Funktionen, neben dem Wachstum ist er auch für die Grünfärbung verantwortlich, er ist ein Chlorophyll-Baustein und deshalb wichtig für die Fotosynthese. Seit es in der Landwirtschaft möglich wurde, mineralischen Stickstoff einzusetzen, gab es kaum noch Hungersnöte in Europa. Der Chemiker Justus von Liebig wies 1840 die wachstumsfördernde Wirkung von Stickstoff nach.

WAS IST ZU TUN?

MANGEL
Zu wenig Stickstoff führt zu weniger Wachstum und damit zu einer geringeren Ernte. Symptom: Aufhellung der alten Blätter, die dann gelb und schließlich abgeworfen werden.

ÜBERSCHUSS
Bei zu viel Stickstoff wird das Pflanzengewebe weicher und lädt Schädlinge ein. Diese haben nun ein leichtes Spiel, an die begehrten Pflanzensäfte zu gelangen. Pilzerkrankungen nehmen zu.

MEIN TIPP
Bei einem unausgeglichenen Stickstoffhaushalt können sich Ertrag und Geschmack von Früchten negativ verändern. Eine ausgewogene organische Düngung kann ich nur empfehlen.

Was ist alles im Dünger enthalten?

Das große P

Phosphor gehört neben Stickstoff zu den Hauptnährelementen von Pflanzen, er spielt für die Pflanzengesundheit und -entwicklung eine wichtige Rolle. So ist er für den Aufbau bestimmter Pflanzenenzyme entscheidend, um chemische Reaktionen zu beschleunigen oder zu erleichtern. Phosphor unterstützt zudem die Wurzelentwicklung und das -wachstum, die Zellteilung, die Bildung von Pflanzenabwehrstoffen und hilft bei der gesunden Entwicklung von Blüten, Früchten und Samen.

WAS IST ZU TUN?

MANGEL
Symptome: mickriger Wuchs, schwach ausgebildete Wurzeln, eine verzögerte Blüte. Die Blätter haben eine dunklere, rötliche Färbung, viele sterben vorzeitig ab.

ÜBERSCHUSS
Privatgärten sind oft überversorgt, das wirkt sich negativ auf das Wachstum aus. Die Verfügbarkeit anderer wichtiger Spurennährelemente wird eingeschränkt.

MEIN TIPP
Die Phosphor-Aufnahme hängt maßgeblich von der Erde ab. Ein zu niedriger pH-Wert, ein zu feuchter oder verdichteter Boden oder geringe Humusgehalte führen meist zu einem geringen «Konsum» von Phosphaten.

Notizen, Ideen & Erfolge

....

....

....

APRIL

Gespräche mit Tomaten – und viele Streicheleinheiten

Die roten Früchte kann man nicht einfach so links liegen lassen

Wie Diven brauchen diese Pflanzen so einiges an Aufmerksamkeit und wollen im Mittelpunkt stehen, damit sie sich zu schönen Früchten hinreißen lassen, ganz gleich, ob Cocktail- oder Fleischtomate im Kürbisformat, ob rot, weiß, gelb oder violett. Nach der Aussaat werden sie pikiert, das heißt in kleine Töpfe vereinzelt, und nicht zu warm gestellt, damit sie nicht vergeilen, also unkontrolliert in die Höhe schießen. Werden sie zu groß, sollte man die Pflanzen kappen.

WAS IST ZU TUN?

SMALLTALK 1
Unbedingt mit den Tomaten sprechen, das tut ihnen gut. Der Inhalt des Gesagten ist ihnen egal, allein durch unseren Atem bekommen sie eine Extraportion CO_2, aus dem sie Zucker herstellen.

STREICHELN
Durch Streicheleinheiten wird die Arbeit der Natur übernommen. Sonst streichelt der Wind über die Blätter und hält die Pflanzen kompakt und stabil. Die Hände können den Wind ersetzen.

SMALLTALK 2
Beim Sprechen reagieren Tomaten und andere Pflanzen auf Schallwellen – und zwar mit einem vermehrten Wachstum.

Notizen, Ideen & Erfolge

....

....

....

Kein Dünger ohne Kalium

Das Trio ist voll

Der drittwichtigste Nährstoff neben Stickstoff und Phosphor ist Kali beziehungsweise Kalium. Das Salzmineral ist an vielen Stoffwechselprozessen beteiligt und sorgt für widerstandsfähige, frostfeste Pflanzen. Es ist mit für die Bildung des Stützgewebes verantwortlich. Kali ist notwendig, damit Pflanzen gegenüber Krankheiten und Fraßfeinden widerstandsfähig werden. Darüber hinaus ist es ein wesentlicher Nährstoff, um die Qualität von Obst- und Gemüsefrüchten zu garantieren. Tomaten oder Zucchini, die stark den Boden auszehren, benötigen eine Extraportion Kali, damit wir schmackhafte Früchte ernten.

WAS IST ZU TUN?

MANGEL
Symptome: Gelbwerden und Absterben der Blätter vom Rand her, und zwar zuerst bei den älteren. Bei Tomatenpflanzen fördert eine Kali-Unterversorgung die Kraut- und Braunfäule.

ÜBERSCHUSS
Bei einer Kali-Überversorgung können Pflanzen nicht richtig wachsen, da Magnesium nicht mehr ausreichend aufgenommen wird. In der Folge steigt im Boden die Salzkonzentration.

WISSENSWERT
Die Aufnahme von Kalium wird vom Ton-Humus-Anteil im Boden beeinflusst. Grundsätzlich passiert das nur, wenn es in Wasser aufgelöst wird und die Bodentemperatur nicht unter 5 Grad Celsius liegt.

Der Schönwetter-Pilz

Ein weißer Pilzrasen verziert die Pflanzen

Sobald das Wetter schön wird, kommen die Mehltaupilze (*Erysiphales*) aus ihren Sporen – wobei Mehltau eine Bezeichnung für viele Schlauchpilzarten ist. Meist gelangen sie durch Wind oder Gießwasser an die Blätter, vorwiegend bei geschwächten Pflanzen. Es gibt ein einfaches Mittel dagegen: Wasser und Milch im Verhältnis 6:1 vermischen und mit einer Sprühflasche an die befallenen Blätter gehen. Vollmilch nehmen, keine H-Milch. Die Prozedur vorbeugend jede Woche wiederholen.

WAS IST ZU TUN?

BEFALL
Am besten entwickelt sich Mehltau bei warmem, sonnigem Wetter. Mehltau hat alles, was er zum Keimen braucht, in seinen Sporen, sogar das notwendige Wasser.

BEHANDELN
Ein Sud aus Knoblauch oder Netzschwefel hilft, den Pilz in die Schranken zu weisen. Mag der Geruch von Knoblauch oder Netzschwefel unangenehm sein, noch unangenehmer ist ein Mehltau-Befall.

MEIN TIPP
Eine nützlingsschonende Maßnahme könnte auch darin bestehen, den Garten für Marienkäfer attraktiv zu halten, sie und ihre Larven vertilgen den Pilzrasen.

Notizen, Ideen & Erfolge

....

....

....

Auf einen starken Rückschnitt erfolgt ein starker Austrieb

Immer noch die Königin unter den Blumen

Im März/April können wir die klassischen Edelrosen zurückschneiden, dann, wenn die große Frostgefahr vorbei ist und die neuen Austriebe nicht erfrieren. Nur stark zurückgeschnittene Rosen treiben wieder üppig aus und belohnen uns mit einer vollen Blütenpracht. Die Blüten erscheinen nämlich nur am diesjährigen Holz. Die Gartenschere sollte sehr scharf sein, damit der Schnitt glatt ist, und die abgeschnittenen Triebe sollten besser in der Biotonne landen und nicht auf dem Kompost – die Stacheln sind nicht sehr kompostierfreudig.

WAS IST ZU TUN?

SCHNITT
Schwache und kranke Triebe werden radikal entfernt. Drei Augen sollten mindestens zurückbleiben, das sind die Knubbel, wo später die neuen Triebe sprießen.

ANDERE ROSEN
Wildrosen und rankende Ramblerrosen nicht zurückschneiden, denn diese blühen am zweijährigen Holz, also an den Trieben, die im letzten Jahr gewachsen sind.

MEIN TIPP
Immer schräg schneiden, damit an der abfallenden Schnittfläche das Regenwasser abperlen kann.

Notizen, Ideen & Erfolge

....

....

....

Der Traum vom englischen Grün

Rettungsaktion Rasen

In England sind die Wetterbedingungen für Grünflächen optimal: Die Sommer sind nicht so trocken und heiß und die Winter relativ mild. Anders auf dem europäischen Festland. Nach einem heißen Sommer und/oder einem harten Winter macht der heimische Rasen schlapp. Er zeigt offene Stellen, gelbe bis braune Flecken, Unmengen von Unkraut. Was tun? Zuerst muss das Grün belüftet werden. Ein verfilzter Rasen braucht wieder Sauerstoff zum Atmen, damit er Wasser und Nährstoffe richtig aufnehmen kann. Mit einem Handvertikutierer lassen sich viele abgestorbene Halme und Moose aus der Grasnarbe entfernen.

WAS IST ZU TUN?

VERTIKUTIEREN
Vertikutiert wird ein Rasen erst, wenn zweimal gemäht wurde. Darauf achten, dass die rotierenden Messer nicht den Rasen aufschlitzen. Unbedingt nachsäen.

DÜNGEN
Als Erstes den Rasen mit Nährstoffen versorgen, sodass die Gräser sich stärken und nach dem Vertikutieren sofort weiterwachsen können.

MEIN TIPP
Eigentlich gibt es kein Unkraut im Rasen, sondern nur eine Artenvielfalt. Ob Gänseblümchen, Ehrenpreis, Klee, Taubnessel oder Gundermann – der Rasen darf auch bunt sein.

Kompost für den Rasen

Wenn der Boden fest und verdichtet ist

Kompost ist Futter für die Mikroorganismen, wodurch der Boden belebt wird. In der Folge verbessern sich die Wachstumsbedingungen. Irgendwo in der Nähe gibt es sicher ein Kompostwerk, das fein gesiebten Grünkompost verkauft. Diese organische Substanz in einer dünnen Schicht auf dem Rasen nach dem Vertikutieren verteilen, etwa 100 l auf 50 Quadratmeter Fläche. Nun kann der Rasen besser Wasser speichern und Nährstoffe aufnehmen (und man spart mineralischen Dünger).

WAS IST ZU TUN?

KOMPOST
Er sollte möglichst fein und krümelig sein (ohne Samen von Kräutern), damit er schnell wirkt.

ANWENDUNG
Am besten mit der Hand ausstreuen und mit einer Rasenharke einarbeiten – die Grasspitzen sollten noch zu sehen sein.

MEIN TIPP
In jeder Region gibt es Entsorgungszentren, die zertifizierten Grünkompost günstig anbieten.

Notizen, Ideen & Erfolge

....

....

....

....

....

Tagetes groß im Trend

Frau Doktor für den Garten

Manchmal hat man ungebetene Mitfutterer im Gemüsehochbeet. Kompost und andere abgestorbene Pflanzenreste locken Bodenschädlinge an. Wird die Anzahl von Nematoden oder Drahtwürmern zu groß, können sie einem den Spaß gerade am Hochbeetgärtnern schon verderben. Bevor es dazu kommt, sollte Tagetes zwischen Möhren, Zwiebeln oder Salat gepflanzt werden. Bodenschädlinge werden magisch von dieser «Kurpflanze» angezogen und fressen an ihren Wurzeln. Die Tagetes sondert jedoch ein Gift ab, durch das die Räuber ein jähes Ende finden.

WAS IST ZU TUN?

ARTENVIELFALT
Die beste Maßnahme gegen Schädlingsbefall: immer eine große Auswahl an Pflanzen setzen. Das erhöht die Abwehr durch natürliche Fressfeinde.

KARTOFFELBEETE
Tagetes hilft auch zwischen Kartoffelreihen. Bei dieser Mischkultur ist es sinnvoll, hohe Sorten zu pflanzen.

MEIN TIPP
Wer Wurzelgemüse angepflanzt hat, sollte weniger Kompost einarbeiten. Das reduziert die Schädlinge. Das Selbstversorgervorhaben ist gerettet.

Es krabbelt an den Zimmerpflanzen

Kampfansage – bis zur letzten Laus

Läuse will man gar nicht im Haus haben, erst recht nicht an den Zimmerpflanzen. Ein einfaches Mittel hilft: Wenig Pflanzenöl (Raps-, Sonnenblumen- oder Olivenöl), zirka 10 bis 20 ml, in 1 l warmes Wasser geben, dazu einen Spritzer Spülmittel. Alles in eine Sprühflasche füllen, gut schütteln und handwarm auf den Pflanzen verteilen. Wichtig ist die tropfnasse Ausbringung, da alle Schädlinge getroffen werden müssen. Kommen sie in Kontakt mit dem Öl, verkleben die Atemorgane der Blattläuse. Eine solche Behandlung klingt brutal, ist sie auch, aber manchmal notwendig.

WAS IST ZU TUN?

PFLANZENÖLE
Pflanzenöle sind ein großartiges natürliches Mittel gegen viele Läusearten oder auch Spinnmilben.

ACHTUNG
Bei hohen Temperaturen und starkem Sonnenschein sollte auf eine Spritzung verzichtet werden, da die Gefahr von Blattverbrennungen dann sehr groß ist.

MEIN TIPP
Sobald der Spritzbelag eingetrocknet ist, verfliegt die Wirkung. Die Behandlung kann deshalb nach sieben Tagen wiederholt werden, je nach Befallsstärke.

Notizen, Ideen & Erfolge

....

....

....

Tränendes Herz

Apartes aus dem Fernen Osten

Eine wunderschöne und früh blühende Staude darf im Garten nicht fehlen. Die Blüten mit ihrer besonderen herzförmigen Anmutung sind der Namensgeber des Tränenden oder Flammenden Herzens (*Lamprocapnos spectabilis*). Sie erscheinen schon im Frühjahr meist als knappes Dutzend pro Zweig und sind in der natürlichen Variante rosa und weiß. Der englische Name der Pflanze lautet «Lady in a bath» (Dame in der Badewanne). Dieses Bild entsteht, wenn man die Blüte umdreht und leicht aufdrückt.

WAS IST ZU TUN?

WINTERHART
Das Tränende Herz bevorzugt einen leicht schattigen und geschützten Standort. Um richtig zu blühen, benötigt es eine Frostperiode.

BODENKULTUR
Der Boden sollte humos, leicht sauer und feucht sein. Im Kübel dürfen es gern eine kalkarme Erde und eine ausreichende Bewässerung sein.

SCHÄDLINGE
Bei Austrocknung droht ein Läusebefall. Schnecken lieben das zarte Frühjahrslaub. Bei Staunässe und Wärme können Mehltau oder Stängelgrundfäule auftreten. Löcher in den Blütenspitzen stammen von Erdhummeln.

Wann darf die Hecke geschnitten werden?

Vor und nach der Sommersonnenwende

Jeder Zuwachs einer Hecke kann zeitlich unbegrenzt geschnitten werden. Nur sollte man in den Monaten, in denen die Vögel brüten, Rücksicht nehmen. Dann nur schneiden, wenn die Hecke ein Verkehrshindernis geworden ist. Und vorher genau prüfen, ob sich Nester zwischen den Zweigen befinden. Hecken, die vor dem Johannistag (das Hochfest der Geburt von Johannes dem Täufer, das Mittsommerfest am 24. Juni) geschnitten werden, treiben das Geschnittene meist zu 120 Prozent wieder aus, und ein zweiter Schnitt wird unumgänglich.

WAS IST ZU TUN?

SCHNITT
Bei jungen Heckenpflanzen, die schnell dicht werden sollen, empfiehlt es sich, regelmäßig die Spitzen zu schneiden.

VORSICHT
Immergrüne Pflanzen mit großen Blättern nur mit einer Schere schneiden. Das verhindert das Zerfleddern der Blätter durch die Maschinen.

MEIN TIPP
Buchsbaum nur an bewölkten Tagen in Form schneiden, sonst verbrennen die Pflanzen recht schnell, da die unteren Blätter anfangs noch keine dicke Wachsschicht als Sonnenschutz haben.

Notizen, Ideen & Erfolge

....

....

....

Starbesetzung im Garten

Das Grau des Winters ist vorbei

Wer im Herbst winterfeste Blumenzwiebeln gesetzt hat, wird sich an der ersten Blütenpracht im Jahr erfreuen. Wer das vergessen hat, kann in Gärtnereien vorgetriebene Narzissen, Tulpen oder Hyazinthen kaufen und dann einpflanzen. Der Vorteil dabei ist: Man sieht sofort, wie die Pflanzen aussehen und ob sie ins Beet passen. Im nächsten Jahr werden sie erneut wachsen. Auch Frühblüher, die man in einer Schale oder in einem Topf geschenkt bekommen hat, unbedingt nach der Blüte in die Erde pflanzen. Auch diese werden im nächsten Jahr wieder blühen.

WAS IST ZU TUN?

PFLANZEN
Zum Einpflanzen im Herbst Pflanzkörbe benutzen. Darin sind Blumenzwiebeln gut geschützt vor gefräßigen Wühlmäusen.

DÜNGEN
Pflanzen mit Zwiebeln müssen ab und zu mit Dünger versorgt werden, so sind sie gut vorbereitet fürs nächste Jahr. Auch Brennnesseljauche eignet sich hierfür.

MEIN TIPP
Möglichst botanische Sorten pflanzen, also wilde, da diese kompakter sind, schlichtere Blüten haben und sich meist problemlos vermehren.

Wohin mit dem Rasenschnitt?

Mulchen – eine kleine Kunst

Im Garten sollte man viel frisches Mulch-Material, Gemüsereste oder auch den Rasenschnitt nutzen. Nach dem Mähen wird der Rasenschnitt in den Beeten verteilt. Vielleicht ist das nicht gerade hübsch fürs Auge, aber der Boden jubelt. Häcksel von Chinaschilf eignet sich wunderbar zur Schneckenabwehr. Die scharfen Pflanzenteile machen es den Schnecken schwer, sie zu überwinden. Ab und zu überstreue ich die Mulchschichten mit Urgesteinsmehl oder Algenkalk. Dadurch verärgere ich nicht nur die Schnecken, sondern der Boden wird noch zusätzlich mit Nährstoffen versorgt.

WAS IST ZU TUN?

SCHNECKEN
In sehr verregneten Jahren hilft keine Mulchschicht, da müssen die Beete auf Schnecken abgesucht werden!

MULCHEN
In meinem Garten bringe ich jedes Jahr über den Winter eine recht dicke Mulchschicht aus. Im Frühjahr ist davon kaum noch etwas übrig.

MEIN TIPP
Bevor gemulcht wird, die Beete mit einem Biodünger versorgen. Denn die Mikroorganismen, die den Mulch zersetzen, benötigen Stickstoff als Starthelfer. Diesen würden sie sich sonst von den Pflanzen holen.

Wie pikiere ich richtig?

Anhaltspunkt Keimblätter

Ist die Saat erfolgreich gekeimt, wachsen die Pflanzen schnell dicht an dicht in die Höhe. Dann ist es an der Zeit, sie zu vereinzeln. Ich nehme dazu die einzelnen Sämlinge auseinander und pflanze sie in kleine Töpfe. Dabei achte ich darauf, sie so tief einzutopfen, dass die Keimblätter kurz über dem Boden stehen. So entwickelt sich jede Pflanze zu einem stattlichen Gewächs mit kräftigem Wurzelballen.

WAS IST ZU TUN?

ERDE
Zum Pikieren werden aufgedüngte Erden benötigt, damit sich die jungen Pflanzen gut entwickeln können.

WERKZEUG
Jedes Mal suche ich meinen Pikierstab mit dem spitzen Ende, um die Pflänzchen einzusetzen, aber dann muss wieder einmal ein Kugelschreiber her. Das klappt genauso gut.

MEIN TIPP
Immer nur ein Pflänzchen nach dem anderen setzen, denn so zart, wie sie sind, trocknen sie leicht aus.

Notizen, Ideen & Erfolge

....

....

....

....

....

Stressfaktor milchig-weiße Flügel

Eine Fliege, die keine Fliege ist

Tomaten, Paprika, Grünkohl, Fuchsien, Weihnachtssterne oder Geranien sind das Zuhause der Weißen Fliegen (*Trialeurodes vaporariorum*), die aber nicht mit Fliegen verwandt sind, sondern zu den Mottenschildläusen gehören. In Deutschland kommen nur zwei Gattungen vor: die Gewächshausmottenschildlaus und die immer häufiger anzutreffende Baumwollmottenschildlaus. Die Halbflügler können erheblichen Schaden anrichten: Sie saugen gern Pflanzensaft, übertragen Viren sowie Honigtauausscheidungen, wodurch es zum Vergilben der Blätter, zu Verwachsungen der Pflanze und zur Ansiedelung von Schwärzepilzen (Rußtau) kommt.

WAS IST ZU TUN?

BEHANDLUNG
Morgens oder abends tropfnass Neem auf die Pflanzen sprühen. Schädlinge, die den Wirkstoff aufnehmen, hören sofort mit ihren Fraßtätigkeiten auf.

POPULATIONEN
Die Weibchen legen bis zu 400 Eier und leben etwa vier Wochen. Um alle aus den Eiern geschlüpften Fliegen zu erfassen, muss die Neem-Behandlung wiederholt werden.

MEIN TIPP
Man kann auch Orangenöl verwenden, die Flügel trocknen dann aus, und die Laus stirbt. Nur wenige Tropfen in warmes Wasser geben und unter Schütteln die Pflanzen damit einsprühen.

Wann darf der Oleander zurück auf den Balkon oder die Terrasse?

Endlich raus!

Alle Pflanzen, die in der Garage oder im Keller zum Überwintern stehen, sollten nur so lange wie nötig dort ausharren. Denn sie zehren von ihren im Sommer eingelagerten Reserven. Je mehr sie davon verbrauchen und nicht nachproduzieren können, weil es zu dunkel ist, desto mehr Blätter schmeißen sie ab. Der Oleander, der wenige Minusgrade gut verkraften kann, sollte so spät wie möglich ins Winterquartier und so schnell wie möglich wieder raus. Das ist oft schon ab Mitte März möglich.

WAS IST ZU TUN?

VORSORGE
Bei stärkeren Nachtfrösten kann man den Oleander mit einer dicken Decke umhüllen. Minus 5 Grad Celsius sind kein Problem.

BLÄTTER
Zeigen sich auf Blättern eventuelle Schädlinge und Pilzkrankheiten, können sie entfernt werden. Die Blätter wachsen schnell nach.

MEIN TIPP
Ist der Oleander wieder im Freien, sollte er alsbald mit Nährstoffen versorgt werden, denn der Winter hat alle Reserven aufgebraucht.

Notizen, Ideen & Erfolge

....

....

....

....

Der Nährstoffkreislauf der Natur

Ein geschlossenes System

Aus organischer Substanz (Blätter, Äste und abgestorbene Pflanzen) werden durch Zersetzung im Boden gespeicherte und damit verfügbare Nährstoffe für unsere Pflanzen. Diesen Kreislauf kann man sich auch im Garten zunutze machen. Denn die Organismen, die dafür gebraucht werden, sind alle schon vor Ort! Mulchen kann eben durch vielerlei Arten geschehen, so auch durch eine Flächenkompostierung, wie sie in der Natur seit jeher ganz von selbst passiert.

WAS IST ZU TUN?

TROPEN
Der Boden ist für den Nährstoffkreislauf von entscheidender Bedeutung. In den Tropen läuft dieser Kreislauf sehr rasch ab, denn dort fallen ständig Blätter zu Boden.

UNGESCHÜTZT
Wird der geschlossene Kreislauf unterbrochen, bilden sich weniger Wolken, und es fällt weniger Regen, der Boden trocknet aus, Tiere und Pflanzen verdursten.

MYTHOS
Mit Rinde zu mulchen macht den Boden sauer. Falsch! Die in Kiefernrinde enthaltenen Gerbsäuren versauern den Boden nicht. Rindenmulch hätte sauer zu sein, wenn man das von ihm annehmen würde.

Notizen, Ideen & Erfolge

....

....

....

Die Rote Klettertrompete wirkt exotisch, ist aber winterhart

Ein bunter Kletterfreak

Die Trompetenblume (*Campsis radicans*) ist eine stark wachsende Kletterpflanze, die sich mithilfe von leicht schlingenden Trieben verankert. Zusätzlich bildet sie ähnlich wie der Efeu Haftwurzeln und kann daher auch ohne Kletterhilfe gepflanzt werden. Sie kann an günstigen Standorten bis zu zehn Meter hoch werden, meistens ist jedoch nach der Hälfte Schluss. Trompetenblumen lassen sich in großen Kübeln halten. Damit die Kletterpflanze nicht zu groß wird, kann sie durch regelmäßigen Schnitt kompakt gehalten werden.

WAS IST ZU TUN?

GUT BESCHATTET
Die Kletterpflanze benötigt einen vollsonnigen und windgeschützten Platz mit beschattetem Wurzelbereich. Sie ist winterhart bis minus 15 Grad Celsius.

PH-TOLERANT
Trompetenblumen stellen an den Boden keine allzu hohen Ansprüche. Sie sind pH-tolerant und bevorzugen mäßig trockene bis frische, lockere und nährstoffreiche Gartenböden.

MEIN TIPP
Die schönen Pflanzen sind kaum anfällig für Krankheiten und Schädlinge. Gelegentlich kann es zu Blattlaus- und Mehltaubefall kommen, beides ist jedoch nicht lebensbedrohlich.

Nach dem Pikieren: Abenteuer Freiluft

Nur die Harten kommen in den Garten

Dieses Sprichwort soll tatsächlich aus dem Gartenbau stammen. Nur die abgehärteten und widerstandsfähigen Pflanzen können demnach ins Freie gesetzt werden. Das stimmt irgendwie – und irgendwie auch nicht. Denn: Wenige Tage nach dem Pikieren wachsen unsere Pflanzen und entwickeln sich weiter. Nicht alle sehen kräftig aus, aber damit sie sich langsam an den Garten gewöhnen, können wir einige Care-Arbeit leisten, um das Abenteuer Freiluft zu überstehen. Das heißt, sie müssen sich langsam an kühle Temperaturen gewöhnen. Und anfangs sollten wir für ein schattiges, windstilles Plätzchen sorgen.

WAS IST ZU TUN?

NACHTS
Mit dem Dunkelwerden holt man seine Sämlinge am besten ins schützende Haus oder deckt sie mit Vlies ab.

FENSTERBANK
Auch wenn Jungpflanzen auf der sonnigen Fensterbank stehen, müssen sie abgehärtet werden, um keinen Sonnenbrand zu kriegen.

MEIN TIPP
Die Anzucht in kleinen Minigewächshäusern erleichtert die Arbeit, sie lassen sich problemlos an verschiedene Standorte transportieren.

Notizen, Ideen & Erfolge

....

....

....

Blaue Scheinzypressen werden plötzlich braun

Wurzelfäule an der Konifere

Besonders anfällig für den Pilz, der die Wurzelfäule verursacht, ist die Kegel- oder Scheinzypresse (*Chamaecyparis lawsoniana ‹Ellwoodii›*). Die blaugrünen Nadeln werden dann an den älteren Ästen fahl, dann gelb und braun, bis sie abfallen. Meist wird eine zu geringe Wasserversorgung vermutet, was dazu verleitet, der Zypresse mehr Wasser zu geben. Leider führt das nur zu einer rascheren Ausbreitung des Pilzes (*Phytophthora cinnamomi*). Denn durch feuchte Bodenbedingungen und verdichtete Böden vermehrt sich die Wurzelfäule rapide. Dieser Pilz kann wie viele andere mit seinen Sporen mehrere Jahre im Boden überdauern.

WAS IST ZU TUN?

WURZELBALLEN
Abgestorbene Pflanzen sollten komplett mit dem Wurzelballen entsorgt werden (doch keinesfalls auf dem Kompost landen).

NEUE PFLANZEN
Bei einer Neupflanzung ist ein Bodenaustausch ratsam.

MEIN TIPP
Zypressen können mit einem Bodenaktivator vorbeugend behandelt werden – in ihm befinden sich viele bodennützliche Bakterien, die sie widerstandsfähig machen.

Hilfe, die Forsythien welken

An sich muss man sich keine Sorgen um Schädlinge machen, aber …
Auch wenn die Forsythie mit ihren leuchtend gelben Blüten für unsere Insektenwelt nichts zu bieten hat, ist sie doch ein schöner Frühlingsblüher, der uns zeigt, dass jetzt die Rosen geschnitten werden dürfen. Denn: Der Winter hat sich verabschiedet. Aber leider gibt es auch eine Krankheit, die dieses Gehölz hin und wieder heimsucht, die Forsythien-Welke. Ursache dafür sind meist die Erreger der Monilia-Krankheit, die in erster Linie eine Pilzerkrankung des Steinobsts (bevorzugt an der Sauerkirsche) ist. Zu erkennen ist die Krankheit daran, dass die Zweige wie vertrocknet aussehen.

WAS IST ZU TUN?

BEHANDLUNG
Spritzungen mit Meerrettich- und Rhabarbersud helfen bei der Triebwelke. Im Abstand von sieben bis zehn Tagen mindestens dreimal anwenden.

SUD-REZEPT
300 g frische Rhabarberblätter (30 g getrocknet) und 200 g frischen Meerrettich (20 g getrocknet) in 1 l Wasser 15 min leicht auskochen. Danach auf 5 l verdünnen.

MEIN TIPP
Befallene Triebe rausschneiden und darauf achten, dass die Pflanze nicht zu dicht wächst. Ein regelmäßiges Auslichten ist wichtig.

Optimale Pflege für den Rhododendron

Die große Familie der Alpenrosen

Rhododendren und ihre Nachbarn, die Moorbeetgewächse, gedeihen nur auf sauren Böden, brauchen also einen pH-Wert von 4 bis 5. Im Gartencenter kann man eine Bodenprobe machen. Ist der pH-Wert zu hoch, was meistens der Fall ist, kann man das gut an den hellen, teilweise fast gelblichen Blättern und den dunkelgrünen Blattadern erkennen. Das ist Eisenmangel. Eisen ist auch für die Grünfärbung notwendig, ohne Chlorophyll kann Rhododendron nicht gedeihen.

WAS IST ZU TUN?

PFLEGE
Sieht der Rhododendron etwas traurig aus, kann das an einem verdichteten Boden liegen. Abhilfe schafft dann ein kurzes Anheben der Wurzelballen mit einer Grabegabel.

DÜNGER
Damit der Rhododendron viele Blüten ansetzt, sollte nicht zu spät im Jahr mit viel Stickstoff gedüngt werden. Brennnesseljauche reicht da völlig aus.

MEIN TIPP
Rhododendren werden meist viel zu tief gepflanzt. Eine kleine Kuhle reicht, die dann mit Lauberde aus dem Garten zugedeckt und angehäufelt wird.

Notizen, Ideen & Erfolge

....

....

....

Hat jemand durch die Hecke geschossen?

Ganz schön durchlöchert

Bei einem solchen Schadbild handelt es sich um die Schrotschusskrankheit, die vornehmlich Steinobstbäume, aber auch Kirschlorbeer befällt. Bei ihr können die Blätter vorzeitig abfallen, aber auch die Früchte bleiben oft nicht von ihr verschont, sodass der Ernteausfall erheblich sein kann. Verursacher dieses löcherigen Dramas ist ein Pilz, der *Stigmina carpophila*. Er überwintert mit seinen Sporen an erkrankten Trieben und Zweigen, bevorzugt aber ebenso die herausgestanzten Löcher. Zudem macht er sich vorwiegend an die jungen Blätter ran. In verregneten Frühjahren tritt die Schrotschusskrankheit vermehrt auf, da viel Feuchtigkeit ihre Verbreitung begünstigt.

WAS IST ZU TUN?

HILFE
Werden diese heimtückischen Blattflecken sichtbar, sollten die jungen Triebe zurückgeschnitten werden. Präventiv hilft ein Meerrettich-Tee.

MEERRETTICH-TEE
200 g zerkleinerte frische Wurzeln oder 20 g getrocknete auf 1 l Wasser geben. Aufkochen und dann 30 min ziehen lassen. In einer Flasche abfüllen und den Tee 1:5 verdünnt auf die Blätter sprühen.

MEIN TIPP
Eine Extraportion Kali sorgt für gesunde und harte Zellen. So hat der Pilz es schwerer, anzugreifen. Dazu Brennnesseljauche mit Beinwell vermischen (siehe 6. Mai).

Was in jede Pflanzenapotheke gehört

Allrounder Algenkalk

Algenkalk zeichnet sich nicht zuletzt dadurch aus, dass er sehr vielseitig einsetzbar ist, unter anderem auch als natürliches Pflanzenschutzmittel: Stäubt man ihn sparsam auf die Blätter von Grünpflanzen, hindert der hohe pH-Wert die Pilzsporen am Keimen. Algenkalk ist also ein wirksamer Schutz gegen Mehltau, Schorf und andere Pilze. Außerdem schützt er vor Schädlingen wie Erdflöhen, Lauchmotten oder Kartoffelkäfern. Er verdirbt ihnen den Appetit.

WAS IST ZU TUN?

UMWELT
Algenkalk wird aus Rotalgen-Ablagerungen gewonnen, aus dem Meer, aber auch aus den Flüssen. Die Meeres- und Flusskalkbänke sind ein wichtiger Teil der Ökosysteme. Auf diesen Algenkalk also besser verzichten.

BERGBAU
Besser ist bergmännisch abgebauter Algenkalk: Die Kalkalgenbänke wurden schon vor Millionen von Jahren gebildet und können deshalb auch an Land abgebaut werden.

MIKROPLASTIK
Ein großer Vorteil des bergmännisch abgebauten Algenkalks ist zudem, dass er kein Mikroplastik enthält.

Notizen, Ideen & Erfolge

....

....

....

Kaffee oder doch lieber Tee?

Auch an der Kuchentafel fällt etwas für unsere Pflanzen ab

Kaffeesatz oder gebrauchte Teebeutel, Reste von Kaffee oder Tee haben Inhaltsstoffe, die geradezu lebensnotwendig für Pflanzen sind. Dieser wunderbare biologische Dünger ist allemal besser als Chemie. Die einzelnen Teesorten wirken unterschiedlich, Kamillentee eignet sich für die Aufzucht von Pflanzen, auch ein leichter Schimmelbefall bei Topfpflanzen kann durch ihn bekämpft werden. Das Tein im schwarzen Tee wirkt desinfizierend und hält somit einige Plagegeister fern. Eine Überdosis ist jedoch nicht bekömmlich.

WAS IST ZU TUN?

KALTER KAFFEE
Kalter Kaffee vertreibt lästige Blattläuse von Kräutern und Jungpflanzen, gleichzeitig hat er eine Düngewirkung.

SCHWARZER TEE
Die Reste von einem schwarzen Tee vertreiben Spinnmilben und Läuse von Pflanzen.

MEIN TIPP
Bei Teebeuteln die Halter entfernen, so lassen sie sich zu Kompost verarbeiten.

Notizen, Ideen & Erfolge

Der Japanische Fächerahorn hängt

Verticillium-Welke an Laubgehölzen

Diese Pflanzenkrankheit ist erkennbar am Absterben der Triebspitzen, an kräuseligen Blättern sowie dem Eintrocknen einzelner Äste. Der Pilz hat die Eigenschaft, die Wasserleitbahnen zu verstopfen. Es gibt verschiedene Verticillium-Arten, alle nicht minder aggressiv, und da es sich hierbei um Pilze handelt, die mit ihren Dauersporen den Boden über Jahre verseuchen können, ist nicht immer gewiss, dass die Pflanzen am Ende den Kampf gewinnen. Resistent gegen die Welke sind Birken, Hainbuchen, Eichen oder Weiden.

WAS IST ZU TUN?

HEUBAZILLUS
Ein Bodenaktivator regt die Wurzelbildung an. Enthalten ist in ihm der *Bacillus subtilis*, der Heubazillus, der die Pflanzen widerstandsfähig macht und sie perfekt versorgt.

INFEKTIONSWEGE
Über abgestorbene Pflanzenteile oder nicht professionelles Kompostieren können immer wieder Pilze in den Boden gelangen. Ebenso können sie durch Scheren übertragen werden.

WICHTIG
Verticillium wird auch als Schwächepilz bezeichnet, denn Pflanzen, die unter Stress stehen (Staunässe, falsche Düngung, Trockenheit), sind besonders pilzanfällig. Der Krankheitsverlauf ist dann kaum aufzuhalten.

Der Runzelblättrige Schneeball wird gelb

Frage an den Pflanzenarzt

Ein Hobbygärtner schrieb mir eine E-Mail und klagte sein Leid: «Unser Runzelblättriger Schneeball wird seit letztem Herbst gelb. Er hat leider sehr viele gelbe Blätter bekommen, die im Wind dann auch abfallen. Er ist schon älter und über drei Meter hoch. Was ist los mit ihm? Es ist ein toller Sichtschutz, den wir nicht verlieren wollen. Wie kann ich dem Strauch helfen?»

WAS IST ZU TUN?

MEINE ANTWORT
«Sie müssen sich keine Sorgen machen, auch ein vermeintlich immergrüner Strauch lässt hin und wieder seine Blätter fallen, um diese zu erneuern.»

DÜNGER
«Damit sich schnell neue Blätter bilden, können Sie dem Schneeball ein wenig Bio-Universaldünger zur Unterstützung geben.»

MEIN TIPP
Immergrüne Pflanzen lieben eine Extraportion Kali, es sorgt dafür, dass die Blätter stark und widerstandsfähiger werden und auch alles Kommende ohne Schaden überstehen.

Notizen, Ideen & Erfolge

....

....

....

....

Ein Must: Urgesteinsmehl

Power für die Pflanzen

Gesteinsmehle sind Mineralstoffe, die entweder unter natürlichen Verhältnissen in sehr langen Zeiträumen zerkleinert oder durch maschinelle Mahlvorgänge und sonstige Steinverarbeitung auf die gewünschte Korngröße gebracht wurden. Häufig verwendete Gesteine sind Diabas (alkalisch) oder Basalt (sauer). Die darin enthaltenen Silikate verwittern langsam und liefern für das Pflanzenwachstum, den Zellaufbau, die Fotosynthese sowie die Bildung von Blüte und Frucht wichtige Mineralstoffe und Spurenelemente.

WAS IST ZU TUN?

MINIMIERUNG
Gesteinsmehle sorgen dafür, schädliche Organismen unterhalb einer vertretbaren Grenze zu halten.

BODENKULTUR
Urgesteinsmehl reichert ausgelaugte Gartenböden mit Nährstoffen an, fördert den Humusaufbau in der obersten Bodenschicht und sorgt für ein aktives und artenreiches Bodenleben.

HUMUS
Gesteinsmehle verbessern die Wasserhaltefähigkeit im Wurzelraum und an der Bodenoberfläche. Im Land- und Gartenbau wird das als «Krümelstruktur» bezeichnet.

Kraut- und Braunfäule an Kartoffeln und Tomaten

Perfide Infektionsgefahr

Zuerst werden bei dieser Erkrankung die Blattränder bräunlich, doch schon bald breiten sich auf dem ganzen Blatt braune Flecken aus. Auf der Blattunterseite erkennt man einen grauen Pilzrasen. Die Stängel bekommen ebenfalls Flecken. Schließlich fallen die Blätter ab. Die Kartoffeln und Tomaten fangen an zu faulen und werden ungenießbar. Bei einem starken Befall ist die gesamte Ernte gefährdet. Die Sporen dieses Pilzes überdauern am Boden oder an den Tomatenstangen, es gibt auch eine gegenseitige Ansteckungsgefahr: Erkrankte Tomaten können Kartoffeln infizieren oder umgekehrt.

WAS IST ZU TUN?

HILFE
Eine Behandlung mit einem Rhabarber- und Zwiebelsud kann helfen: ihn bis zur Ernte wöchentlich auf die Kartoffelpflanzen oder Tomaten sprühen.

REZEPT
500 g grüne Rhabarberblätter zerkleinern und 50 g Zwiebeln klein hacken. Mit 2 l kochendem Wasser übergießen. Nach ungefähr einer Stunde den Sud mit 3 l Regenwasser verdünnen.

MEIN TIPP
Die Anbaufläche jährlich wechseln und auf eine gute Belüftung achten. So kann man den Pilz in seine Schranken weisen. Auch eine resistente Sortenwahl ist wichtig.

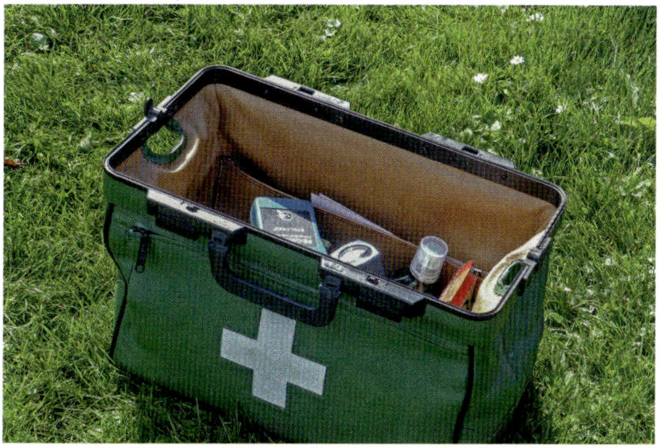

Algen aktivieren den Boden

Auf Kur ans Meer

Nicht nur Algenkalk, sondern auch Algen selbst sind aufgrund ihres Gehalts an Kalisalzen, Stickstoff, Phosphor sowie an Spurenelementen wie Magnesium ein fantastischer Dünger für Biogärten. Je nach Art und Zusammensetzung enthält er bis zu neunzig Spurenelemente, die an organische Säuren gebunden sind. Diese Kombination wirkt sich belebend auf das Bodenleben aus. Die Düngung mit Meeresalgen hat in der Landwirtschaft Tradition. Die Algen werden vom Meeresgrund abgepumpt und in getrockneter Form auf Acker- und Grünland verteilt.

WAS IST ZU TUN?

DÜNGER
Bei Aufwandmengen zwischen 25 g bis 50 g je Quadratmeter kommt es zu deutlich besseren Ernten.

RESISTENZ
Algenpräparate führen zu einem intensiveren Wurzel- und Sprosswachstum, zu einer erhöhten Stress- und Krankheitsresistenz und zu einer verbesserten Nährstoffverwertung.

MEIN TIPP
Wer im Garten einen Teich hat, sollte die Fadenalgen in ihm als Dünger im Boden unterarbeiten. Sie sorgen für beste Pflanzenverhältnisse.

Notizen, Ideen & Erfolge

....

....

....

Der Acker-Schachtelhalm betritt die Bühne

Heilkraft seit dem Altertum

Seit über 400 Millionen Jahren gibt es den Acker-Schachtelhalm (*Equisetum arvense*), nur war er früher baumgroß. Mit seinen reich verzweigten, behaarten Rhizomen kann er bis 1,60 m tief im Boden wurzeln. Im Frühjahr ist der Schachtelhalm eine blass-grüngelbe stängelartige Pflanze, die wie der Spargel aus dem Boden sprießt. Die sporentragenden Triebe erscheinen von März bis Anfang Mai, die grünen Laubtriebe im Mai.

WAS IST ZU TUN?

TEE
Ein Tee aus Acker-Schachtelhalm hilft gegen saugende Schädlinge, Mehltau und Rost an Obstgehölzen und Tomaten. Zur Herstellung muss der Schachtelhalm 20 bis 30 min in Wasser aufkochen.

WICHTIG
An feuchten Standorten besteht die Gefahr einer Verwechslung mit dem giftigen Sumpf-Schachtelhalm. Die Innenleitbahn ist beim Acker-Schachtelhalm jedoch deutlich größer als beim Sumpf-Schachtelhalm.

INHALTSSTOFFE
10 Prozent Kieselsäure, Flavonoide, Pflanzensäuren, Glykoside, Kalium und Carbonsäuren. Mehr als 10 Prozent wasserlösliche Silikate und 1,5 Prozent Aluminium- und Kaliumchlorid.

Notizen, Ideen & Erfolge

....

....

....

MAI

Wanzen können nun ihr Unwesen im Garten treiben

Von der Lavendelheide Richtung Rhododendron

Es waren die ursprünglich in Japan beheimateten Netzwanzen, die sich an meinem Rhododendron gütlich taten. Hierzulande haben sich drei Arten breitgemacht. Schon länger bekannt ist die Amerikanische Rhododendronnetzwanze (*Stephanitis rhododendri*), dann tauchte die Europäische Rhododendronnetzwanze (*Stephanitis oberti*) auf, schließlich die Andromeda-Netzwanze (*Stephanitis takeyai*). Letztere wandert meist von Lavendelheiden auf benachbarte Rhododendren. Jede von ihnen tritt mit nur einer Generation pro Jahr auf. Sie lieben trockene, warme Jahre – was dann zu einer sprunghaften Vermehrung führt.

WAS IST ZU TUN?

ANGRIFF
Ist der Wanzenangriff anfangs noch begrenzt, kann man die Blätter entfernen. Beim Einsatz von Stärkungsmitteln ist auf eine ausreichende Benetzung der Blattunterseite zu achten.

GRÜNDUNG
Gute Erfahrungen habe ich mit Rainfarn-Tee gemacht. Dazu 300 g blühendes oder 30 g getrocknetes Kraut in 1 l Wasser aufkochen. Dann ziehen lassen und auf 5 l verdünnen. Mit Neem-Spritzungen kombinieren.

ACHTUNG
Rhododendren mit einer behaarten Blattunterseite werden gemieden, violette und erst spät blühende Sorten werden bevorzugt von Wanzen befallen.

Blattfall will keiner haben

Und immer wieder Pilzkrankheiten

Am Liguster sind nicht nur schädliche Insekten wie der Dickmaulrüssler unterwegs. Manchmal sieht man an seinen Blättern unregelmäßige runde oder ovale Flecken, die braun, gelb oder grau und von einem schwarzen Rand umgeben sind. In ihnen überleben die Septoria-Pilze. Leicht können neue Blätter befallen werden, oft verwelken sie dann und fallen ab. Die Überwinterung der Pilze erfolgt auf dem am Boden liegenden Laub. Aus diesem Grund beginnt der Befall erst im unteren Bereich von Ligusterhecken. Feuchtes Wetter macht es dann nicht besser.

WAS IST ZU TUN?

VORBEUGEN
Regelmäßig ist das Falllaub zu entsorgen und natürlich alle befallenen Blätter. Ein zu schattiger Standort sollte vermieden werden.

ALGENKALK
Den Bodenbereich leicht mit Algenkalk bestreuen, seine pilzabtötende Wirkung kann man sich hier zunutze machen.

MEIN TIPP
Ein luftiger Standort verhindert die Ansteckung und Verbreitung der Pilzkrankheit. Erreichen lässt sich das durch einen regelmäßigen Heckenschnitt.

Notizen, Ideen & Erfolge

....

....

....

Die Birke – der heilige Baum

Heiligkraft aus dem Norden

Die Birke (*Betula pendula*) ist der Baum des Frühlings und des Neubeginns, denn sie fängt nun zu grünen an. Aus diesem Grund werden zum 1. Mai junge Birken oder Birkenzweige aufgestellt, ebenso zum Pfingstfest. In der menschlichen Naturheilkunde wurden und werden die Blätter der Birke vor allem im Nieren-Blasen-Bereich eingesetzt, da sie harntreibend wirken, sie kommen aber ebenso bei Hautkrankheiten zur Anwendung. Auch der Garten profitiert von einem Birken-Sud.

WAS IST ZU TUN?

ANWENDUNG
1 kg grüne Blätter in 1 l Wasser kurz aufkochen. Dann verdünnt im Verhältnis 1:5 regelmäßig tropfnass auf die Pflanzen sprühen.

SCHORF
Bei meinen Pflanzen verwende ich einen Birkenblätter-Sud vorbeugend bei feuchtwarmem Wetter, er hilft bei Schorf an Früchten und Blättern.

INHALTSSTOFFE
Wichtige Inhaltsstoffe in Birkenblättern: ätherische Öle, Gerbstoffe, Bitterstoffe, Vitamin C, Harz, Saponine, Flavone (gelbe Pflanzenfarbstoffe).

Notizen, Ideen & Erfolge

....

....

....

....

Lilien fangen zu blühen an

Ein hübscher Vielfraß

Je nach Art fangen die Lilien (*Lilium*) und Kaiserkronen (*Fritillaria imperalis*) langsam zu blühen an, die meisten Sorten haben aber ihre Blütezeit in den beiden kommenden Monaten. So ganz sorglos kann man sich die Pracht allerdings nicht anschauen, denn das Lilienhähnchen (*Lilioceris lilii*) frisst riesige Löcher in die Blätter hinein und macht sich auch über die Blüten her. Das Lilienhähnchen ist ein leuchtend roter Käfer, da kann er noch so hübsch sein, er ist ein wahrer Fresssack.

WAS IST ZU TUN?

ABSAMMELN
Es ist eine mühsame Angelegenheit, aber dafür effektiv: die Käfer absammeln sowie Blätter mit Eiern und Larven einzeln abpflücken.

MORGENSTUNDE
Zum Absammeln sind die frühen Morgenstunden zu empfehlen, denn dann sind die flinken Käfer noch relativ träge und können nicht flüchten.

MEIN TIPP
Einen Wasserstrahl auf die befallenen Pflanzen richten – die getroffenen Käfer fallen so auf den Boden. Man kann sie nun bequem aufsammeln und muss nicht Jagd auf sie machen.

Können Rosen rosten?

Orangefarbene Pusteln

Rosenrost gehört zu den lästigen und am meisten verbreiteten Rosenkrankheiten – er befällt auch nur Rosen. Ausgelöst wird er durch die zwei Pilzsorten *Phragmidium mucronatum* und *Phragmidium tuberculatum*. Die Pilze verbreiten sich durch Sporen, die über den Wind in den Garten geflattert kommen, weswegen man kaum etwas gegen sie unternehmen kann – außer vorbeugenden Maßnahmen. Der Pilzbefall schwächt die Rosen, tun wir nichts, können sie nach einigen Jahren sogar absterben. Rosenrost lebt ständig auf derselben Pflanze und überwintert auch dort. Viel Feuchtigkeit sorgt für eine rasche Ausbreitung.

WAS IST ZU TUN?

VORBEUGEN
Kranke Blätter entsorgen, die Pflanzen zurückschneiden, zudem die Rosenbeete mulchen.

ROSENZAUBER
200 g Acker-Schachtelhalm 24 Stunden in 2 l Wasser einweichen. Dann mit 1 großen Knoblauchknolle sowie 2 Zwiebeln (zerhackt) aufkochen und 15 min köcheln lassen. Alles sieben und auf 5 l verdünnen.

MEIN TIPP
Die Rosen mit dem Tee aus Acker-Schachtelhalm, Zwiebeln und Knoblauch alle zehn Tage tropfnass einsprühen. Die kalibetonte Düngung stärkt die Zellwände.

Beinwell beginnt zu blühen

Zeig deine purpurvioletten Blüten

Echter Beinwell (*Symphytum officinale*) ist eine seit Langem bekannte Heilpflanze. Ihren Namen hat sie, weil man früher annahm, dass sie den Beinen guttue (*well*). Aufrecht, steif und fleischig steht der Beinwell gern an eher feuchten Plätzen. Die rübenförmigen Wurzeln der Pflanzen können im zeitigen Frühjahr (oder auch im Spätherbst) für einen Sud geerntet werden. Ich habe dadurch eine gute Blattdüngung an verschiedenen Pflanzen erkennen können. Auch Spinnmilben und Rosenblattwespen kann man mit dieser Brühe die Lust am Fressen verderben.

WAS IST ZU TUN?

WURZELSUD
1 kg frisch geschnittene Wurzeln in 1 l Regenwasser 24 Stunden einweichen. Kurz aufkochen und dann verdünnt auf 10 l Wasser auf die Pflanzen sprühen.

DÜNGER
Beinwell-Jauche ist ein guter Bodendünger für den Wurzelbereich, sie sorgt für ordentlich Stickstoff und Kali bei Tomaten, Sellerie und Kohl.

INHALTSSTOFFE
Allantoin, Gerbstoff, Schleim, Asparagin, Alkaloide, ätherisches Öl, Flavonoide, Harz, Kieselsäure, Pyrrolizidinalkaloide, Stigmasterol.

Notizen, Ideen & Erfolge

.....

.....

.....

Verspäteter Frühjahrsputz

Zusätzliche Unterstützung

Tomatenstangen oder -stäbe geben Tomatenpflanzen sicheren und stabilen Halt. Denn wie viele andere Gemüsepflanzen auch sind die Triebe, die sie ausbilden, doch recht dünn und schwach, die Früchte dagegen im Verhältnis groß und schwer. Bevor die selbst gezogenen Tomaten in Beete gepflanzt an die Stäbe gebunden werden, sollten diese gereinigt werden. Also mit heißem Wasser abwaschen, damit die Pilzsporen aus dem letzten Jahr keine Chance haben, die Tomaten zu befallen.

WAS IST ZU TUN?

DESINFIZIEREN
Heißes Wasser mit einem Spritzer Spiritus reicht meistens aus, um sämtliche Gartengeräte zu reinigen.

KRANKHEITEN
Schädlinge überdauern auch an Pflanztöpfen, auf Blumenbänken und an Gewächshausscheiben – und nicht nur im Boden und an Pflanzenteilen.

MEIN TIPP
Eine allgemeine Pflanzen- und Arbeitsplatzhygiene ist unbedingt notwendig, um die Ausbreitung von Krankheiten und Schädlingen zu reduzieren.

Notizen, Ideen & Erfolge

Wenn der Mandelbaum blüht, aber keine Früchte trägt

Fremdbefruchter sind gefragt

Der Echte Mandelbaum (*Prunus dulcis*) ist ein Rosengewächs. So mancher ist völlig zufrieden mit der rosafarbenen Blüte im Frühjahr, andere warten sehnsüchtig auf die Früchte, die im Juli und August geerntet werden können (bei Ziermandeln bleiben die aus). Doch die eiförmigen Steinfrüchte sind selten, denn die gängigsten essbaren Mandelsorten sind nicht selbstfruchtend, sie benötigen eine passende Befruchtersorte. Man kann darauf achten, dass man eine Mandelsorte wählt, die keine Befruchtersorte braucht, hierzu zählen Supernova, Princesse Amanda oder Lauren.

WAS IST ZU TUN?

PFIRSICHGLÜCK
Die Pollen von Pfirsich- oder Nektarinenbäumen können auch die Blüten von Mandelbäumen bestäuben. Mandeln blühen von allen Obstsorten aber als Erstes.

ACHTUNG
Nicht verwechseln sollte man den Echten Mandelbaum mit dem Mandelstrauch (*Prunus triloba*), hier handelt es sich um ein Ziergehölz.

WISSENSWERT
Die Mandel ist keine Nuss, sondern eine Steinfrucht wie Aprikose oder Pfirsich. In diesem Fall ist aber das Fruchtfleisch nicht essbar, einzig der Samen.

Die Rosenblüte lässt auf sich warten

Fieslinge, die mal abwärts- und mal aufwärtsbohren

Die ersten Rosenblüten bleiben aus. Beim genauen Hinschauen sieht man: Einige Knospen sind abgeknickt und vertrocknet. Die Schuldigen waren kleine Blattwespen, und zwar der aufwärts- oder der abwärtssteigende Rosentriebbohrer (*Blennocampa elongatula*; *Ardis brunniventris*). Die Larven überwintern im Boden, verpuppen sich im Frühjahr und erscheinen ab April. Während der aufwärtssteigende Rosentriebbohrer seine Eier nah an einem Blattstiel ablegt, platziert die zweite Art ihre Eier an einer jungen Triebspitze.

WAS IST ZU TUN?

MORD
Junge Larven am besten mechanisch abtöten. Auch wenn es sich mörderisch anhört: dazu einen Draht ins Bohrloch einführen.

KEINE PANIK
Eine Behandlung mit Neem nach Gebrauchsanweisung hilft immer. Und: befallene Triebe bis ins gesunde Holz zurückschneiden.

ACHTUNG
Bei einem starken Auftreten der aufwärtssteigenden Blattwespenlarven können sogar ganze Triebe oder Pflanzen eingehen. Es tritt nur eine Generation pro Jahr auf.

Notizen, Ideen & Erfolge

....

....

....

Der Borkenkäfer spaziert nicht nur im Wald herum

Viele Wege führen zu den Larven

Junge weibliche Borkenkäfer benötigen einen Reifungsfraß, was heißt, sie brauchen zur Vermehrung ordentlich Futter. Dazu bohren sie sich in kurze, junge Triebe von Nadelbäumen, auch von Hecken. Im Innern entsteht ein etwa 1 cm langer Gang; von außen werden Bohrmehl- und Harzaustritt sichtbar. Die Nadeln der so ausgehöhlten Triebe werden gelb und braun und knicken häufig ab. Auf den ersten Blick wird der angerichtete Schaden oft mit Pilzkrankheiten verwechselt. Die zahlreichen Ausbohrlöcher, die im Frühjahr zu sehen sind, sind ein letzter Hinweis auf darunterliegende Borkenkäferlarven, die meist schon ausgeschlüpft sind.

WAS IST ZU TUN?

HILFE
Geschädigte Triebe sollten schnellstens entfernt werden (verbrennen oder Hausmüll). Ist jedoch der Stamm befallen, muss die ganze Pflanze beseitigt werden.

BEHANDLUNG
Mit Pheromonfallen lassen sich die Käfer kontrollieren. An ihnen bleiben die männlichen Schädlinge kleben. Durch eine Pflanzenstärkung werden Hecken widerstandsfähiger.

ACHTUNG
Beim Reifungsfraß ist der Schaden noch gering, erst die Aktivitäten der Larven bringen Koniferen & Co. zum Absterben. Bevorzugt werden geschwächte Exemplare ausgesucht.

Leben auf der Schleimspur

Die wundersame Vermehrung der Schnecken

Es gibt kaum Gärten, wo sie nicht ihrem gefräßigen Tagewerk nachkommen. Sie haben sich in den letzten Jahren so massiv vermehrt, dass es an der Zeit ist, sich Gedanken über die Ursachen zu machen. Viele Wissenschaftler vermuten, dass die starke Veränderung der Landwirtschaft in den letzten Jahrzehnten dafür verantwortlich ist. Mag das auch stimmen, so bleibt doch der abgefressene Salat im Garten. Was kann man tun, wenn man nicht zum Schneckenkorn greifen will?

WAS IST ZU TUN?

HOLZ
Schräg gestellte Holzbretter auslegen, unter ihnen verstecken sich die Schnecken tagsüber. Absammeln ist unerlässlich. Ich mulche meine Jungpflanzenbeete mit Wurmfarnblättern.

ACHTUNG
Schnecken verspeisen gern tierische Überreste, welke Pflanzen, Pilze, Fallobst. Sie räumen den Garten auf und versorgen ihn mit Humus.

MEIN TIPP
Erstes Gebot: Artenvielfalt. Unbedingt den natürlichen Feinden der Spanischen Wegschnecke einen Raum im Garten geben, besonders Igeln und Spitzmäusen. Mit Laufenten habe ich es noch nicht probiert.

Notizen, Ideen & Erfolge

....

....

....

Die Brennnessel war nicht immer verpönt

Klein und groß

Die Brennnessel (*Urtica dioica*) ist wie geschaffen für einen Biogarten. Sie ist ein Anzeiger für Feuchtigkeit und Stickstoff. Blätter und Stängel sind mit Brennhaaren besetzt, mit einem spröden Schaft, der bei der feinsten Berührung abbricht. Wie ein zersplitterter Flaschenhals dringt dann die scharfe Bruchstelle in die Haut ein und injiziert das ätzende Nesselgift. Um dieses Gift mache ich tunlichst einen großen Bogen, nutze es aber, um die lästigen Blattläuse in die Schranken zu weisen, wenn diese mal wieder überhandnehmen.

WAS IST ZU TUN?

JAUCHE
Pflanzen je nach Bedarf mit Brennnesseljauche düngen. Am besten 1:10 verdünnt. An Kohlpflanzen sollte sie nicht angewendet werden, da sie den Kohlweißling anlockt.

REZEPT
1 kg Nesseln auf 10 l Regenwasser in eine Tonne geben. Abdecken, denn nach einigen Tagen beginnt der Gärprozess. Regelmäßig umrühren. Die Jauche ist fertig, wenn sie nicht mehr schäumt.

MEIN TIPP
Am besten nur Pflanzen sammeln, die noch keinen Samen angesetzt haben. Ihre Inhaltsstoffe: Flavonoide, Mineralstoffe, Histamin, Acetylcholin, Serotonin, Ameisensäure.

Die Thuja bekommt braune Stellen

Angeschlagene Herkulessäulen

Die immergrüne Thuja Smaragd (*Thuja occidentalis ‹Smaragd›*) ist eine Heckenpflanze, sie firmiert auch unter Sumpfzypresse. Eigentlich ist sie sehr robust, aber erhält sie nicht genügend Wasser, gibt es oft problematische braune Stellen. Ein Alarmsignal! Schädlinge und Pilzkrankheiten, die sonst völlig harmlos sind, können bei weiterem Stress folgenschwere Auswirkungen haben. Braune Verfärbungen können auch auftreten, wenn sie bei zu starker Sonne geschnitten wurde. Streusalz im Winter führt ebenfalls zu braunen Trieben.

WAS IST ZU TUN?

ABHILFE
Die braunen Stellen mit einer scharfen Schere entfernen. Dafür einen wolkenverhangenen Tag wählen. Doch nie hinter den grünen Bereich oder ins Altholz schneiden.

DÜNGEN
Am besten mit einem organischen Dünger wie Kompost oder Gründung. Beim Düngen von Lebensbäumen ist weniger mehr.

DURCHWÄSSERN
Die Heckenpflanzen regelmäßig tiefgründig durchwässern. Zur Stärkung empfehle ich eine Blattdüngung, um eine schnelle Genesung zu unterstützen.

Notizen, Ideen & Erfolge

....

....

....

Tomaten lieben Brennnesseln

Wärmflasche für die Wurzeln

Beim Einpflanzen von Tomaten kann man zwei, drei Hände voll klein geschnittene frische Brennnesseln mit ins Pflanzloch geben. Mit etwas Erde zudecken, dann erst die Pflanze draufstellen. Mit Erde und etwas Kompost auffüllen. Die Nesseln werden zu Dünger und versorgen die Tomaten mit Kali und Stickstoff, denn sie haben einen besonders hohen Anteil an diesen wertvollen Nährstoffen. Mikroorganismen zersetzen die Nesseln und beleben dabei den Boden. Außerdem sind die Brennnesseln eine Wärmflasche für die Tomaten, noch sind die Eisheiligen nicht vorbei.

WAS IST ZU TUN?

DÜNGER
Zusätzlich die Tomaten jede Woche mit Brennnesseljauche düngen. Tomaten gehören zu den Starkzehrern, sie brauchen regelmäßig Dünger.

WASSER
Regelmäßiges Wässern in Bodennähe fördert die Fruchtbildung und beugt Blütenendfäule vor.

MEIN TIPP
Öfter die Seitentriebe ausbrechen, so geht die Kraft der Pflanze in die Früchte und nicht in die Triebe. Bei Strauchtomaten kann man sich diese Arbeit sparen.

Ameisen an Pfingstrosen

Eine ungewöhnliche Partnerschaft

Ameisen gelten nicht als Schädlinge. Sie zerstören kein Holz, übertragen keine Krankheiten und knabbern weder Blüten noch Blätter noch Wurzeln an. Trotzdem richten sie im Garten indirekt Schaden an, indem sie durch fleißiges Graben die Wurzeln von Pflanzen freilegen oder Samen verschleppen. Fragt sich nun, ob Ameisen auf der Pfingstrose schädlich sind? Nein. Im Gegenteil. Die Ameisen stimulieren die Knospe und helfen der Pfingstrose, ihre dicken großen Knospen zu öffnen; als Dank werden die Ameisen mit zuckersüßem Pflanzensaft belohnt. Ameise und Pfingstrose sind wichtige Partner im Pflanzen- und Insektenreich.

WAS IST ZU TUN?

ZUCKERSAFT
Kurz vor dem Aufblühen krabbeln Ameisen an Pfingstrosen herum, weil die noch geschlossenen Blüten Zuckersaft absondern. Wer möchte da nicht Ameise sein?

BLÜHHILFE
Man kann den Blüten auf die Sprünge helfen: dazu die Knospen mit feuchtwarmen Händen vorsichtig massieren. Verklebungen zwischen den Blütenblättern werden so gelöst.

MEIN TIPP
Wer Pfingstrosen ins Haus holt, möchte auf die Ameisen gern verzichten. Die abgeschnittenen Stängel für kurze Zeit ins kalte Wasser legen, dann das Wasser mit den Ameisen im Garten ausschütten.

Es gibt auch einen Falschen Mehltau

Mehltau ist nicht gleich Mehltau

Der Echte Mehltau (*Erysiphaceae*) und der Falsche Mehltau (*Peronosporaceae*) sind nicht schwer voneinander zu unterscheiden. Ersterer sitzt als Pilz außen am Blatt, die Pilze des Falschen Mehltaus befallen hingegen dessen Unterseite. Biologisch gesehen sind Letztere auch keine echten Pilze, sondern eher verwandt mit den Braun- und Kieselalgen. Diese Infektion ist gefürchtet, denn anders als beim Echten Mehltau dringen die Erreger über Spaltöffnungen tief in das Gewebe von Pflanzen ein. Es sind somit Endoparasiten, Innenschmarotzer.

WAS IST ZU TUN?

BEHANDLUNG
Die Pflanzen sollten gut durchlüftet sein. Eine Bewässerung der Blätter vermeiden. Für viel Licht sorgen. Ein Tee aus Rhabarberblättern hilft vorbeugend.

RHABARBERTEE
Etwa 300 g frische Blätter leicht auskochen und auf 5 l verdünnen. An trockenen Tagen auf die befallenen Blätter sprühen. Ideal sind die frühen Morgenstunden.

WISSENSWERT
Echter Mehltau lässt sich mit den Fingern vom Blatt wischen, der Falsche Mehltau wächst durch das Blatt und erscheint unter dem Blatt als Pilzrasen.

Notizen, Ideen & Erfolge

....

....

....

Rosenblätter rollen sich ein

The same procedure as every year

Die Blattrollwespe (*Blennocampa phyllocolpa*) ist klein und eher unscheinbar. Auffällig sind hingegen die Schäden. Nach dem Schlupf der Blattwespen im Mai/Juni legen diese ihre Eier am Rand der Blattunterseite ab. Durch die Einstiche der Weibchen rollen sich die Fiederblätter nach unten ein. Im Juli/August verlassen die Larven ihr kuscheliges Zuhause und tauschen es gegen den Boden ein. Hier erfolgt dann auch im Frühjahr die Verpuppung – und alles fängt wieder von vorn an.

WAS IST ZU TUN?

HILFE
Eingerollte Blätter vor dem Ausziehen der Raupen entfernen und gut entsorgen. Eine Boden- und Blattbehandlung mit Wermut kann helfen.

WERMUT-REZEPT
Wermutbüschel bis zur Hälfte in einen Eimer geben, danach mit Regenwasser auffüllen. Verjauchen lassen und 1:10 verdünnt regelmäßig auf die Rosen sprühen.

SCHUTZDACH
Wohnt eine Larve in der Blattrolle, ist sie anfangs weißlich, später hellgrün, und das bei einer Länge um die 10 mm. In der Röhre ist die Larve gut vor Wind und Wetter geschützt.

Notizen, Ideen & Erfolge

....

....

....

Und immer wieder düngen

Alternative Hornspäne oder Hornmehl

Pflanzen benötigen Stickstoff, um zu wachsen, doch der in unserer Atmosphäre ist für sie nur unter großem Energieaufwand nutzbar. Um ausreichend Stickstoff zu bekommen, muss aber nicht mineralischer Dünger eingesetzt werden. Hornspäne sind eine hervorragende Alternative. Sie bestehen aus zerkleinerten Hörnern und Hufen von Schlachttieren (das sollte man am besten gleich wieder vergessen) und haben einen hohen Anteil an Stickstoff, er liegt zwischen 12 und 17 Prozent. Hornspäne sind bodenverträglicher als Kunstdünger. Man kann auch auf Guano zurückgreifen.

WAS IST ZU TUN?

GUANO
Dabei handelt es sich um die Ausscheidungen von Seevögeln, die sich hauptsächlich vom Meer ernähren. Ist aber wegen des Abbaus umstritten.

BLAUDÜNGER
Dieser mineralische Dünger ist Fastfood für die Pflanzen. Bei einer Überdüngung macht er die Pflanzen anfällig für Schädlinge und Pilzkrankheiten.

MEIN TIPP
Schafwolldünger ist nachhaltig, zudem musste kein Tier dafür sterben. Schafe müssen geschoren werden, und die Wolle landet oft auf dem Müll. Dabei hat sie eine gute Dünge-Langzeitwirkung bei Pflanzen.

Wenn das Frühjahr verregnet war

Blattkrankheiten an Sauer- und Süßkirsche

Hat es bislang viel geregnet, leiden besonders die Kirschbäume. Viele bekommen dann die Schrotschusskrankheit, die Monilia, aber auch die Sprühfleckenkrankheit (*Blumeriella jaapii*). Zu erkennen sind ihre Erreger auf der Blattoberseite: fein verteilte kleine rotbraune Flecken. Auf der Blattunterseite haben sich kleine Flecken eingenistet, die mit weißen Sporen bedeckt sind. Die Infektion erfolgt über Spaltöffnungen im Blatt; schnell werden benachbarte Blätter und Bäume befallen. Bei einer starken Infektion kann es ähnlich aussehen wie bei der Schrottschusskrankheit. Die Blätter werden gelb und trudeln nach unten.

WAS IST ZU TUN?

HILFE
Ein fachgerechter Kirschbaumschnitt mit lockerem Kronenaufbau ist ratsam. Die Bäume sollten nicht zu dicht gepflanzt werden. Wichtigste Maßnahme ist aber das Entsorgen des Falllaubs.

ACHTUNG
In manchen Jahren sind im Juli die Bäume völlig kahl, die Kirschernte fällt dann ins Wasser. Bei wiederholter Infektion können ganze Bäume absterben. Die Pilze überwintern im Falllaub.

MEIN TIPP
Geschwächte Kirschbäume erholen sich, wenn sie Algenkalk bekommen, denn sie leiden oft unter einem zu niedrigen pH-Wert. Algenkalk mit viel Wasser in den Boden schwemmen.

Freund und Feind im Gemüsebeet

Mischkultur ist nicht jedermanns Sache

Nach den Eisheiligen fängt die Pflanzzeit so richtig an. Nicht jede Pflanze kann aber ihre Nachbarn riechen, versucht sie sogar regelrecht zu bekämpfen. Im Gemüsebeet vertragen sich Zwiebeln gut mit Möhren, Erdbeeren und Gurken. Kartoffeln, Möhren, Kohlrabi, Spinat und Buschbohnen haben gern Bohnenkraut, Salatsorten und Radieschen um sich. Sellerie liebt die Nachbarschaft aller Kohlarten sowie von Lauch und Tomaten. Petersilie begleitet Radieschen, Rettich und Tomaten. Rote Bete ist eine enge Freundin von Dill und Zwiebeln.

WAS IST ZU TUN?

PFLANZUNG

Beim Nachpflanzen darauf achten, dass auf Starkzehrer immer Schwachzehrer folgen, somit Pflanzenfamilien ausgetauscht werden.

ERBSE VS. KOHL

Bohnen oder Erbsen sind Schwachzehrer, danach folgen wieder Starkzehrer wie Tomaten, Porree, Rhabarber oder Kohl. Sie binden Stickstoff aus der Luft für die Schwachzehrer.

MEIN TIPP

Ein Pflanzplan für den Garten hilft, den Überblick zu behalten.

Notizen, Ideen & Erfolge

....

....

....

Schon wieder ist alles voll mit Blattläusen

Zierpflanzenstängel werden schwarz

Was sind sie aber auch nervig, diese Blattläuse! Gerade ist man sie losgeworden, schon sind sie wieder in Scharen eingefallen. Die einst grünen Stängel sind nun eher schwarz. Jetzt bloß nicht zur chemischen Keule greifen, um diese gefräßigen Tierchen in die Schranken zu weisen. Es gibt einfache Hausmittel, die wirksam und absolut nützlingsschonend sind. So kann man die Pflanzen mit schwarzem Tee oder kaltem Kaffee besprühen. Blattläuse mögen diese Duschen nicht und verziehen sich.

WAS IST ZU TUN?

RUHE BEWAHREN
Bevor Blattläuse eine Pflanze vernichten, werden sie selbst gefressen. Sie spielen eine wichtige Rolle im Ökosystem, als Nahrung zahlreicher Tiere.

HANDARBEIT
Viele Blattläuse kann man mit der Hand entfernen, da hilft ein Pinsel, ein harter Wasserstrahl oder eine Bürste. Ist mühselig, aber – regelmäßig wiederholt – erfolgreich.

MEIN TIPP
Manchmal muss man Läuse einfach aussitzen. Marienkäferlarven und andere Nützlinge sind auf Blattläuse angewiesen und sorgen für eine Dezimierung.

Notizen, Ideen & Erfolge

So gärtnert man richtig

Om dich glücklich

Jeder Gärtner, jede Gärtnerin sollte zwei goldene Regeln beachten, um mehr Gelassenheit zu erreichen. Die erste Regel lautet: Niemals die ganze Ernte für sich beanspruchen, der Natur sollte man auch ihren Teil überlassen. Die zweite Regel: Scheitern lernen. Denn die eine oder andere Aussaat, die eine oder andere Pflanze gehen auch dem besten Gärtner, der besten Gärtnerin mal ein.

WAS IST ZU TUN?

BALANCE
Auf die Natur ist Verlass. Sie will Stabilität herstellen (wenn der Mensch ihr nicht gerade reinpfuscht). Fieslinge sollten niemals überhandnehmen.

DIVERSITÄT
Artenvielfalt im eigenen Garten ist wichtig, manche Plagegeister haben sich auf bestimmte Pflanzen spezialisiert. Bei Monokulturen können sich diese schnell vermehren.

MEIN TIPP
Umhören und altes Wissen aufnehmen. Viele langjährige Kleingärtner und Kleingärtnerinnen haben über die Jahre ein profundes Wissen angesammelt.

Eine Feige will ausgepflanzt werden

Das Auspflanzen ist immer eine zusätzliche Belastung

Die Echte Feige (*Ficus carica*) kommt sogar in der Bibel vor: Im Garten Eden wird sie als einzige Pflanze namentlich erwähnt. Sie steht symbolisch für das Paradies. Vielleicht wird sie deshalb in unseren Gärten immer beliebter. Die beste Pflanzzeit für Feigenbäume ist im Frühjahr, zwischen Anfang und Mitte Mai, so haben sie Zeit, sich im Boden zu verankern. Werden Feigen im Herbst gepflanzt, so besteht die Gefahr, dass sie den Winter nicht überleben.

WAS IST ZU TUN?

STANDORT
Feigenbäume gedeihen im Freien an einem sonnigen, geschützten Platz.

FROSTBEULE
Bis zum Alter von etwa zehn Jahren sind Feigen frostempfindlich. Bei unter minus 10 Grad Celsius erfrieren die Triebe, und auch die Wurzeln werden geschädigt.

MEIN TIPP
Einen Feigenbaum in hochwertige Blumen- oder spezielle Kübelpflanzenerde pflanzen. In einem großen Kübel kann man eine junge Pflanze an sehr kalten Tagen ins Haus holen.

Notizen, Ideen & Erfolge

Gespinste an den Obstbäumen

Falter mit Halloween-Effekt

Seltsam sehen die Gespinste in den Bäumen und Hecken aus, als hätten viele Spinnen ein Netz nach dem anderen gesponnen. Das waren aber keine Spinnen, sondern die Raupen der Gespinstmotte (*Yponomeutidae*). Nach der Falterhochzeit erfolgt die Eiablage in Form flacher, schuppenartiger Gelege an der Rinde von Trieben und Zweigen. Diese werden zum Schutz von den Weibchen mit einem Sekret überdeckt. Die schlüpfenden Raupen durchbeißen die unterste Schicht, lassen jedoch die oberste Schicht unversehrt und überwintern als winzige Jungraupen unter diesem Schutzmantel.

WAS IST ZU TUN?

WEISSDORN
Je nach Falterart können Schäden an Süßkirsche, Apfel, Schlehe oder gar an Zierpflanzen auftreten. Bedrohlich wird es nur, wenn die Gespinstmotte sich dauerhaft einnistet.

NEUAUSTRIEB
Ein frühzeitiges Herausschneiden der lokalen Gespinste am Strauch oder Baum hilft. Meistens erholen sich die Pflanzen durch einen Neuaustrieb.

MEIN TIPP
Unbedingt sind die Nützlinge im Garten zu fördern oder gar auszusetzen: insektenfressende Vögel (Falter) und räuberisch lebende Wanzen (Eier und Raupen).

Balkon- und Zimmerpflanzen organisch düngen

Reichhaltige Speisekarte

Balkon- und Zimmerpflanzen benötigen Nährstoffe, und das sind ganz schön viele: Stickstoff, Phosphor, Kali, Kalzium, Eisen, um nur ein paar «Zutaten» zu nennen. Doch Pflanzen sind sehr individuell, während die eine mehr Nährstoffe braucht, kommt die andere mit weniger aus. Wer unterschiedliche Pflanzen besitzt und sie alle mit derselben Menge eines einzigen Düngers versorgt, muss sich nicht wundern, wenn sie nicht richtig gedeihen wollen. Es ist nie verkehrt, nachzufragen, welchen und vor allem wie viel Dünger die eigenen Pflanzen benötigen.

WAS IST ZU TUN?

FLÜSSIGDÜNGER
Wird oft wöchentlich dem Gießwasser zugefügt. Ihn gibt es in mineralischer oder organischer Form.

LANGZEITDÜNGER
Er ist ideal für all diejenigen, die das Düngen gern vergessen. Einmal gedüngt, kann er bis zu sechs Monate die Pflanzen versorgen. Er ist organisch oder mineralisch erhältlich.

WISSENSWERT
Der Pflanze ist es egal, ob der Dünger organisch oder mineralisch ist. Die Herstellung von Letzterem ist jedoch mit einem hohen Energieaufwand verbunden. Auch eine Überdüngung ist schnell erreicht.

Schüttelaktion bei den Tomaten

Mal anders befruchten

Nach dem Sprechen und Streicheln der Tomaten ist nun das Schütteln dran, und zwar genau dann, wenn die Tomaten Blüten angesetzt haben. Stehen sie im Gewächs- oder im Folienhaus, sind dort weniger Hummeln unterwegs, um die Blüten zu bestäuben. Da kann man ein wenig nachhelfen, indem man die Pflanzen zwei-, dreimal kräftig schüttelt. Die Pollen fliegen umher und bleiben hoffentlich an der Narbe hängen. So befruchten sich die Blüten selbst, und die Tomate wird reich tragen.

WAS IST ZU TUN?

BEFRUCHTUNG
Tomaten sind Selbstbefruchter, sie haben Blüten mit Pollen und Blüten mit Stempeln.

GUT ZU WISSEN
Männliche Blüten haben die Pollen und weibliche Blüten den Stempel. Einhäusige Pflanzen tragen sowohl männliche als auch weibliche Blüten.

GANZ DIVERS
Bei zweihäusigen Pflanzen gibt es eine Trennung der Geschlechter. Zwittrige Pflanzen enthalten sowohl die männlichen als auch die weiblichen Blütenorgane.

Notizen, Ideen & Erfolge

....

....

....

....

Stecher und Sauger an den Rosenblättern

Bleichmittel

Rosenzikaden (*Typhlocyba rosae*) gelingt es, dass Rosenblätter weiß gesprenkelt sind. Die erwachsenen Tiere sind flugfähig und machen sich bei der kleinsten Blattberührung aus dem Staub. Meist sind auch deren Larven anwesend, die sich schräg übers Blatt bewegen. Im Herbst legen die Zikaden Eier in die Rosenrinde, aus denen dann im Frühjahr die erste Larven-Generation schlüpft. Die Larven befinden sich stets auf der Blattunterseite, und durch ihre unermüdliche Saugtätigkeit erkennt man bald deutlich den Schaden auf der Blattoberseite.

WAS IST ZU TUN?

DÜNGER
Nicht zu viel Stickstoff, eher eine Extraportion Kali zur Zellstärkung geben. So haben es die Tierchen schwerer, die Blätter auszusaugen. Besonders die Blattunterseite behandeln.

BEHANDLUNG
1 kg frisches oder 150 g getrocknetes Acker-Schachtelhalm-Kraut in 1 l Wasser 24 Stunden einweichen. Aufkochen und 30 min köcheln lassen; abgießen und verdünnt (1:5) die Blätter besprühen.

ACHTUNG
Der Befall beginnt mit einer Sprenkelung entlang der Blattader, später dehnt sich dieses Muster auf die gesamte Blattfläche aus. Bei starkem Auftreten zeigt sich ein silbrig-glänzender Belag.

Mangelerscheinungen an Tomaten vorbeugen

Kalzium auch mal als Tablette

Um knackige Tomaten ernten zu können, ist ein Tomatendünger mit viel Kalzium unerlässlich. Kalzium beugt der Blütenendfäule vor. Die Blütenendfäule tritt besonders an reifenden Tomaten auf, sie ist erkennbar an unansehnlich braunen, faulen Stellen, und zwar dort, wo die Blütenansatzstelle war. Sie ist keine Krankheit, sondern ein Hinweis darauf, dass hier eine Mangelerscheinung vorliegt – es fehlt Kalzium. Und vielleicht Wasser.

WAS IST ZU TUN?

WASSERLEITUNG
Eine gleichmäßige Wasserversorgung sorgt dafür, dass Kalzium gut in der Pflanze transportiert werden kann.

SORTEN
Auch die Sortenwahl ist wichtig. Oft sind seltene und ungewöhnliche Sorten anfällig. Fleisch-, Flaschen- und Pflaumentomaten zählen eher zu den robusten Sorten.

MEIN TIPP
Ab und zu eine Kalziumtablette aus der Drogerie in viel Wasser auflösen und damit gießen.

Notizen, Ideen & Erfolge

....

....

....

....

Mal wieder das Sorgenkind Rose

Angefressene Rosenblätter

Ein genüsslicher Rosengourmet ist leider die Rosenblattwespe (*Caliroa aethiops*). Sie gehört zu den Hautflüglern und sieht einer Wespe kaum ähnlich. Die Vermehrung erfolgt vorwiegend ungeschlechtlich, also ohne Männchen. Die 5 mm langen Weibchen legen ab Mai ihre Eier einzeln auf den Rosenblättern ab. Die 10 bis 15 mm großen, gelb-grünlichen Larven haben einen gelbbraunen Kopf. Im Herbst wandern sie in den Boden und überwintern dort in einem Kokon.

WAS IST ZU TUN?

HILFE
Bei einem geringen Befall die Blätter mit den Larven entfernen. Aber man kann auch zu Wermut greifen. Im Verhältnis 1:5 verdünnt mehrmals auf die Rosen sprühen.

KRAUT
Bei Bedarf 300 g frisches oder 30 g getrocknetes Wermutkraut in 1 l Wasser 24 Stunden einweichen lassen. Danach kurz aufkochen und nochmals 30 min ziehen lassen.

ACHTUNG
Vorwiegend schaben die Wespen an der Oberseite des Blatts, sodass nur noch die gegenüberliegende Haut und die Blattadern stehen bleiben. Die Blätter trocknen aus und werden braun. Schön ist das nicht.

Rhabarber eignet sich nicht nur als Kompott

Abfall, der gesund macht

Beim Ernten von Rhabarber bleiben die grünen Blätter übrig, da sie nicht zum Verzehr geeignet sind. Rhabarberblätter geben aber einen wunderbaren natürlichen Dünger ab, indem man diese kompostiert oder auch verjaucht. Die Oxalsäure in den Blättern, die ansteigt, je weiter das Jahr fortschreitet, ist ein gutes Pflanzenstärkungsmittel gegen verschiedene Pilzerkrankungen. Vorbeugend angewandt, unterstützt es die Pflanzen dabei, gesund zu bleiben.

WAS IST ZU TUN?

ANWENDUNG
Regelmäßig tropfnass auf und unter die Blätter sprühen. Am besten frühmorgens oder abends, wenn die Sonne nicht scheint.

REZEPT
500 g zerkleinerte Blätter mit 2 l Wasser 15 min leicht köcheln lassen. Mit 3 l Regenwasser verdünnen und sieben Wochen lang auf die Pflanzen sprühen (einmal wöchentlich).

MEIN TIPP
Zur Prävention sollte man die Pflanzen besprühen, die anfällig für Braunfäule oder Falschen Mehltau sind (zum Beispiel Tomaten oder Wein).

Notizen, Ideen & Erfolge

Die Fliege, die Beeren matschig werden lässt

Larven mögen Fruchtfleisch

Eine kleine Fliege mit roten Augen hat es auf weichschaliges Obst abgesehen: Erdbeere, Süß- und Sauerkirsche, Brom- und Himbeere, Holunderbeere und Weintraube werden von ihr, der Kirschessigfliege (*Drosophila suzukii*), zu etwas Ungenießbarem gemacht. Sie ist aus Asien nach Europa aufgebrochen.. Erste Obstgärten hat sie wohl 2011 in Süddeutschland bezogen und sofort für Ernteausfälle gesorgt.

WAS IST ZU TUN?

FALLEN
Die Fliegen kann man mit Fallen fangen. Apfelessig und Wasser im Verhältnis 1:1 in ein Gefäß füllen, einen Tropfen geruchloses Spülmittel hinzugeben. Auch kleinmaschige Gemüsenetze helfen.

MASSENGELEGE
Jedes Weibchen kann bis zu 400 Eier in die Früchte ablegen – im Gegensatz zur heimischen Kirschfliege, die nur ein Ei in eine Frucht hineinbohrt.

GUT ZU WISSEN
Starke und lang anhaltende Fröste vertragen die Essigfliegen ebenso wenig wie Hitze. Die befruchteten Weibchen suchen aber nach geschützten Winterquartieren wie Schuppen, Garagen oder Wohnhäusern.

Notizen, Ideen & Erfolge

....

....

....

JUNI

Ist der Trompetenbaum in Lebensgefahr?

Unerwünschte Pilze

Vertrocknen einzelne Äste am Trompetenbaum (*Catalpa*) und werden schwarz, handelt es sich um die Verticillium-Welke – der Baum ist dafür anfällig. Der Pilz verstopft dann die Leitbahnen. Verticillium-Arten sind Pilze, die mit ihren Dauersporen den Boden über Jahre verseuchen können. Über abgestorbene Pflanzenteile oder nicht professionelles Kompostieren können sie in den Boden gelangen. Über die Wurzel gelangt der Pilz schließlich in die Pflanze. Durch Schnittwerkzeuge werden die Pilze oft von kranken zu gesunden Pflanzen übertragen.

WAS IST ZU TUN?

HILFE
Die Catalpa gehört zu den Bäumen, die einen hohen pH-Wert benötigen, am besten über 7.

THERAPIE
Eine Kalkschlämme mit Algenkalk anrühren und den Trompetenbaum damit gießen.

MEIN TIPP
Ein Algenkalk mit dem *Bacillus subtilis* ist oft ein wenig teurer, aber meine Erfahrung hat gezeigt, dass die Bäume damit recht schnell genesen.

Notizen, Ideen & Erfolge

Kleine Blattkunde

Lebensnerv für die Pflanzen

Die Blätter sind neben der Sprossachse und der Wurzel eines der wichtigsten Organe von Pflanzen. Die Pflanzen bauen Blätter aus Kohlenstoff auf und füllen sie dann mit Nährstoffen und Proteinen, und die nutzen die Blätter, um Kohlendioxid aus der Atmosphäre aufzunehmen. So können dann neue Blätter und Wurzeln entwickelt werden – und die Fortpflanzung ist gesichert. Dabei werden abhängig vom Standort verschiedenste Blatttypen produziert.

WAS IST ZU TUN?

SONNE
Silbrige, blaue oder grüngraue Blätter sind ein perfekter Lichtschutz. Lavendel, Salbei, Olive oder viele Sedum-Arten haben ihn.

SCHATTEN
Waldpflanzen besitzen oft wasserreiche, zarte Blätter, sie wollen keine direkte Sonnenstrahlung. Zu ihnen zählen auch Fuchsien, Knollenbegonien oder das Fleißige Lieschen.

TROCKENHEIT
Fleischige Blätter sind Wasserspeicher und können spielend Trockenperioden überstehen. Man findet sie bei den Mittagsblumen, der winterharten Fetthenne oder dem Mauerpfeffer.

Vampire an Esche, Flieder, Bartblume und Maulbeerbäumen

Wie mit weißer Farbe bestrichen

Die Maulbeerschildlaus (*Pseudaulacaspis pentagona*) saugt an viel zu vielen Pflanzen herum. Im Frühjahr legt ein Weibchen 100 bis 150 Eier, durch ihre rindenartige Farbe sind sie gut getarnt. Es sind eher die Männchen, die durch ihre Erscheinung (längliches Schild, weißlich, mit einem gelblichen Fleck am Ende) am Baum auffallen. Je nach Befall können ganze Stämme aussehen, als hätte man sie weiß bepudert oder mit Kalk oder Schnee überzogen. So ein Großangriff der Maulbeerschildlaus macht den Bäumen zu schaffen, die Blätter vergilben und fallen vorzeitig ab.

WAS IST ZU TUN?

MASSNAHME 1

Neu gekaufte Pflanzen unbedingt kontrollieren. Ein Rückschnitt ist sinnvoll, sofern nur Einzeltriebe befallen sind. Mit einer Bürste kann man den Stamm abschrubben.

MASSNAHME 2

Neben Paraffinöl hilft auch Orangenöl, 5 bis 10 ml auf 1 l Wasser mit etwas Spülmittel geben. Die Rinde dann tropfnass einsprühen. Und Nützlinge aussetzen: *Encarsia berlesei*, *Aphytis diaspidis*.

ACHTUNG

Bei der Maulbeerschildlaus sind über 100 Wirtspflanzen bekannt, sie zählt weltweit zu den gefährlichsten Schädlingen. Als wärmeliebende Art wird sie stark durch den Klimawandel gefördert.

Das kleine Gieß-ABC

Gemeiner Erstickungstod

Wie viel und wie oft gegossen wird, hängt nicht immer nur von den Pflanzen ab. Eine Rolle spielen dabei auch das Gefäß, der Standort und natürlich das Wetter. Grundsätzlich gilt: Pflanzen vertragen eine kurzfristige Trockenheit besser als ständig nasse Wurzeln. Staut sich zu viel Wasser in der Erde (gerade bei Zimmer- und Balkonpflanzen), wird die Bodenluft verdrängt, was die Wurzeln um den lebensnotwendigen Sauerstoff bringt. Die Wurzeln fangen an zu faulen und ersticken schließlich.

WAS IST ZU TUN?

GIESSWASSER
Das sollte nicht zu hart sein und am besten sonnenwarm. Regenwasser aus der Tonne macht Pflanzen glücklich.

WIE GIESSEN?
Balkon- und Kübelpflanzen sollten von oben gegossen werden, so werden die Nährstoffe auch von oben nach unten transportiert, an die Wurzeln.

WANN GIESSEN?
Da scheiden sich die Geister. Wird morgens gegossen, führt das zum schnellen Abtrocknen, die Pflanzen und die Schnecken fühlen sich weniger wohl. Abends verdunstet das Wasser nicht so rasch.

Notizen, Ideen & Erfolge

....

....

....

Verschorfte Äpfel sind nicht der schönste Anblick

Obstliebhaber am Rand eines Nervenzusammenbruchs

Er gehört zu den gefährlichsten Apfelkrankheiten weltweit: der Apfelschorf (*Venturia inaequalis*). Bei feucht-warmer Witterung und anfälligen Sorten ist ein Befall kaum zu vermeiden und oftmals nur schwer zu bekämpfen. Der Pilz überwintert an befallenen Blättern am Boden. Im Frühjahr schleudert er seine Sporen aus. Auf den jungen Blättern keimen die Sporen und bilden die ersten Schorfflecken. Dort entwickeln sich dann die Sommersporen, die ständig neue Schorfflecken an Blättern und Früchten verursachen.

WAS IST ZU TUN?

HILFE
Wichtigste Prävention: das Falllaub vor dem Frühjahr entfernen. Weiterhin: die Baumkronen durch einen fachmännischen Schnitt offen halten, so können die Blätter schnell abtrocknen.

RAINFARN-SUD
50 g blühendes Kraut oder 5 g getrocknetes mit 100 g Birkenblättern in 1 l Wasser 24 Stunden ziehen lassen. Kurz aufkochen, dann 30 min ziehen lassen. 1:5 verdünnt an Früchte und Blätter sprühen.

MEIN TIPP
Mehr robuste Apfelsorten pflanzen, das wären: Alkmene, Ecolette, Reglindi, Rosana, Rubinola, Topaz, Enterprise, Reanda, Regine, Renora, Resi oder Rewena.

Der Flieder hat gelbe Blätter mit braunen Flecken

Vom Kübel in den Garten

Auch diese E-Mail erreichte mich: «Meine Frau und ich verzweifeln gerade mit unserem Flieder. Lange Zeit hatten wir ihn in einem Kübel stehen, wofür er allerdings zu groß wurde, und so hatten wir ihn letztes Jahr ausgepflanzt. Er bekam einen sonnigen Standort und hatte auch tolle neue Triebe und eine üppige Blüte. Aber auf einmal wurden die Blätter gelb und braun. Welche Probleme hat er?»

WAS IST ZU TUN?

DIAGNOSE
Bakterien-Triebfäule oder Fliederseuche (*Pseudomonas syringae*). Auf den Blättern treten dunkelbraune Flecken auf; die Blütenstände verbräunen und welken.

URSACHEN
Die Krankheit wird durch Nässe, nach Spätfrösten und bei zu reichlichen Stickstoffgaben begünstigt. Jüngere Sträucher leiden im Allgemeinen mehr unter der Fliederseuche als ältere.

MEIN TIPP
Vorbeugende Maßnahmen: frostgefährdete Lagen und zu hohe Stickstoffgaben meiden. Befallene Pflanzenteile müssen tief bis ins gesunde Gewebe zurückgeschnitten und verbrannt werden.

Notizen, Ideen & Erfolge

....

....

....

Blumenzwiebeln per Hand vermehren

Tulpen, Narzissen und Krokusse mit Nachkommen

Die meisten Blumenzwiebeln befinden sich nun in ihrer Ruhezeit. Das Grün haben sie wieder eingezogen, das heißt, alle Blätter sind vertrocknet. Jetzt lassen sich die Zwiebeln gut teilen. Um sie auszugraben, die Zwiebel mit der Forke vorsichtig aus der Erde nehmen, damit nichts beschädigt wird. Mit den Händen auseinanderbrechen und die Brutzwiebeln einzeln abtrennen. Dann alle Zwiebeln wieder einpflanzen, aber immer auf Abstände achten.

WAS IST ZU TUN?

ABTRENNEN
An den trockenen Blättern ziehen, dann lösen sie sich. So bleiben keine Reste im Boden, denen eventuell Krankheitserreger anhaften.

TROCKNEN
Die ausgegrabenen Zwiebeln können nach dem Teilen auch zum Trocknen in luftigen Kisten bis zum September gelagert und dann neu gepflanzt werden.

MEIN TIPP
Nicht vergessen, die Zwiebelpflanzen zu beschriften. Wer weiß schon in ein paar Monaten, welche Farbe oder auch Sorte man da ausgegraben hat?

Notizen, Ideen & Erfolge

....

....

....

Wer hat noch einen Buchsbaum im Garten?

Schwarze Striche an Trieben

Der Buchsbaum ist seit einigen Jahren gebeutelt, obwohl er schon seit über tausend Jahren in unseren Gärten wächst. *Cylindrocladium buxicola* heißt der Pilz, der für das Triebsterben verantwortlich ist. Im Anfangsstadium zeigt der Buchsbaum graubraune Blattflecken mit einem weißen Sporenbelag. Dieser breitet sich meist fleckenartig aus, sodass es den Anschein hat, als würde des Nachbars Kater den Buchsbaum als Toilette markieren. In kurzer Zeit breitet sich der Pilz weiter aus, die Blätter fallen, und ganze Triebe sterben ab. An den Trieben sind erste schwarze Striche zu erkennen.

WAS IST ZU TUN?

HILFE
Stark befallene Pflanzen sollten zurückgeschnitten werden. Der Schnitt und das Falllaub sollten unbedingt raus aus dem Garten, am besten ab zum Entsorgungszentrum.

ACHTUNG
Der Erreger wird über Wind, Wasser und Schnittwerkzeuge verbreitet. Sein Wachstum beginnt bereits ab 5 Grad Celsius, pudelwohl fühlt er sich bei 25 Grad.

MEIN TIPP
Stark geschädigte Pflanzen können nur noch gerodet werden. Gute Erfahrungen habe ich mit Algenkalk gemacht. Sparsam auf die Blätter stäuben.

....

....

....

Um den Eibisch ist es nicht gut bestellt

Da geht es ans lebende Holz

Der Echte Eibisch oder Hibiskus (*Althaea officinalis*) ist ein Malvengewächs, als Strauch kann er einige Meter hoch werden und besticht mit seinen riesigen Blüten in Leuchtfarben. Befallen werden kann er von Blattläusen, Spinnmilben und Weißen Fliegen. Wenn ein älterer Strauch jedoch die Blätter hängen lässt und sich am Stamm die Borke löst, dann sieht es nach einer Stammfäule aus.

WAS IST ZU TUN?

HALLIMASCH
Stammfäule wird verursacht durch Pilze (Hallimasch), die im Innern lebender Bäume oder Sträucher holzzerstörend unterwegs sind.

KRANKHEIT
Maßnahmen gibt es kaum. Beschädigungen der Wurzeln und des Stamms sind zu vermeiden, Wunden sollten gleich versorgt werden (Desinfektion, Verschlussmittel). Nicht überdüngen.

MEIN TIPP
Eine Behandlung mit Buchenteer (wird bei Huftieren zur Desinfektion der Hufe genutzt) kann die Standzeit verlängern. Den unteren Bereich, wo sich die Rinde löst, dicht damit bestreichen.

Notizen, Ideen & Erfolge

....

....

....

Wollsäcke am Stamm und unter den Blättern von Hortensien

Eingeschleppt aus Asien

In Massen vergnügen sich kleine weiße Tierchen unter den Hortensienblättern, sie vergehen sich auch an den Trieben: Es handelt sich hierbei um die Hortensienwollschildlaus (*Eupulvinaria hydrangeae*). Die Weibchen bilden im Juni einen wachswollartigen, weißlichen, länglichen Eisack aus, in dessen Innerem sich mehrere tausend Eier befinden. Die Weibchen sterben nach der Eiablage bald ab. Ab Juni/Juli treten die kleinen, nur 1 mm großen, grün bis gelblich braunen Larven auf, die sich an den Blättern festsetzen und saugen (häufig entlang der Blattadern).

WAS IST ZU TUN?

HILFE

Paraffinöl verklebt die Atemorgane der Schildläuse und reduziert den Befall, ohne die natürlichen Feinde zu stören. Frühmorgens anwenden, bei starkem Befall alle zehn Tage.

GRÜNDUNG

10 ml Paraffinöl auf 1 l warmes Wasser geben, und 200 g frischen oder 20 g getrockneten Rainfarn daruntermischen. Kurz ziehen lassen und auf 5:1 verdünnen.

ACHTUNG

Die Wollschildlaus ist nicht nur auf Hortensien anzutreffen. Beliebt sind ebenso viele Gehölzarten, besonders der Ahorn steht bei ihr hoch im Kurs.

Der Pfefferminztee ist leider aus

Lochkarten mal anders

Pfefferminze (*Mentha x piperita*) ist im Kräutergarten zur Trendpflanze geworden, aber leider kann schnell der attraktive und bunt schillernde Minzblattkäfer (*Chrysolina herbacea*) dafür sorgen, dass es mit der Ernte nichts wird. Auf den Unterseiten der Blätter tummeln sich gern die braunen Larven des Käfers. Sie fressen dort Löcher ins frische Grün hinein und hinterlassen schwarze kleine Kotkugeln. Die Larven fressen etwa vier bis sechs Wochen lang.

WAS IST ZU TUN?

SEIFENLAUGE
Ein biologisches Mittel ist Seifenlauge. 1 l Wasser mit 15 ml Kernseife (flüssig) vermischen. Im Abstand von maximal drei Tagen auf die Minze geben.

ABSAMMELN
Da der Minzblattkäfer recht träge ist und nur ungern seine Flügel betätigt, kann man ihn direkt von den Pflanzen absammeln. Auch die Larven lassen sich auf diese Weise entfernen.

MEIN TIPP
Bei beginnendem Befall kann Neem eingesetzt werden, idealerweise kurz nach dem Larvenschlupf.

Notizen, Ideen & Erfolge

....

....

....

So langsam beginnt die Erdbeerzeit

Die schmackhafte «Maxim»

Sehnsüchtig hat man darauf gewartet: Endlich steht die Erdbeerernte an. Zwei- bis dreimal in der Woche können einmal tragende Erdbeerpflanzen nach reifen Früchten abgesucht werden. Wer unterschiedliche Sorten mit verschiedenen Reifezeiten gepflanzt hat, kann länger die süßen Früchte ernten. Alternativ gibt es die immer tragenden Sorten, die aber nicht ganz so ertragreich sind wie die herkömmlichen. Im Garten habe ich die Sorte «Maxim», eine Riesenerdbeere, groß wie ein kleiner Apfel, aber zuckersüß und sehr lecker.

WAS IST ZU TUN?

STROHSCHICHT
Eine Strohschicht schützt Gartenerdbeeren vor Nässe und einem Befall mit Grauschimmel.

DÜNGEN
Erdbeeren werden grundsätzlich erst nach der Ernte gedüngt, denn ab dann werden die neuen Blütenknospen für die kommende Saison angelegt, wofür die Pflanzen viele Nährstoffe brauchen.

MEIN TIPP
Nach der Ernte das Stroh beiseiteräumen. Die Blätter werden abgeschnitten und alle Kindel, die nicht für die Vermehrung benötigt werden, ebenfalls. Das alte Laub ist meist mit Pilzen infiziert.

Pflanzen helfen Pflanzen

Arzneimittel aus dem Garten

Brühen, Jauchen und Tees sind meine Alternativen zu chemischen Pflanzenschutzmitteln. Eine fertige Jauche gieße ich durch ein feines Leinentuch, so wird das Verstopfen von Spritzdüsen oder dem Brausekopf der Gießkanne verhindert. Die ausgesiebten Pflanzenreste sind übrigens gutes Kompostmaterial. Die klare Jauche kann bei Bedarf morgens oder abends verdünnt ausgebracht werden.

WAS IST ZU TUN?

JAUCHEN
Frische, zerkleinerte Pflanzenteile oder Kräuter werden zur Hälfte in Regentonnen aus Kunststoff oder Holz getan. Mit Regenwasser auffüllen.

GÄRPROZESS
Beim Gären muss durch regelmäßiges Umrühren (einmal täglich) Sauerstoff hinzugefügt werden. Je nach Wetter dauert es zwei bis vier Wochen, bis die Jauche aufklart und nicht mehr schäumt.

MEIN TIPP
Wird die Jauche geruchsmäßig zur Belästigung, gebe ich ab und zu eine Handvoll Urgesteinsmehl in die Tonne. Das bindet den Gestank und sorgt für eine Anreicherung der Spurennährelemente, die sich in der Jauche befinden.

Notizen, Ideen & Erfolge

....

....

....

Was fliegt und brummt da durch den Garten?

Pflanzenschädling Junikäfer

In den Abendstunden schlüpfen die hellbraunen Junikäfer (*Amphimallon solstitiale*), die als Larven zwei, teilweise sogar drei Jahre im Boden leben, vorzugsweise unter Rasenflächen. Die Larven erreichen eine Länge von bis zu 30 mm, sie sind nur halb so groß wie die Larven der Maikäfer. In der Dämmerung erheben sich nur die Männchen in die Lüfte, die Weibchen bleiben am Boden. Nach der Paarung erfolgt die Eiablage, etwa 40 Eier je Weibchen. Die zweijährigen Junikäfer verursachen den größten Schaden oberirdisch, unterirdisch die Larven, sie fressen an den Wurzeln der Rasengräser oder an denen von krautigen Pflanzen.

WAS IST ZU TUN?

NADELWALZE
Eine erfolgreiche, aber nicht so schöne Methode ist der Einsatz einer Nadelwalze. Da die Larven dicht unter der Grasnarbe sitzen, können sie so dezimiert werden.

NEMATODEN
Bei starkem Larvenaufkommen können Nematoden dieses eindämmen. Mit den Fadenwürmern erwischt man aber nur die Larven im ersten Stadium.

MEIN TIPP
Helfen kann der Wurmfarn. Dazu 2 kg Farnwedel zerkleinern und in 3 l Wasser kurz aufkochen. Zwei Stunden ziehen lassen. Auf 30 l verdünnen und mehrmals auf die Rasenfläche gießen.

Ein Kaltwasserauszug bringt Schädlinge zum Wohnwechsel

Pflanzenextrakte unverdünnt

Beim Kaltwasserauszug werden nur die leicht wasserlöslichen Inhaltsstoffe der Pflanzen gelöst, gerade bei hitzeempfindlichen Kräutern ist das eine gute Methode, zumal auch die unerwünschten Stoffe, die bei Hitze hinausgeschwemmt werden, in den Pflanzen verbleiben. Kaltwasserauszüge haben oft eine vertreibende Wirkung. Wichtig ist dabei, dass die eingeweichten Pflanzen nicht zu gären anfangen, denn dann werden die benötigten Inhaltsstoffe vergoren. Schlimm wäre das aber nicht wirklich, denn übrig bliebe ein wertvoller Dünger.

WAS IST ZU TUN?

AUSZUG
Dazu frische oder getrocknete Kräuter 24 Stunden in Regenwasser einweichen. Danach wird abgesiebt.

ANWENDUNG
Die Wirkstoffe der Kaltwasserauszüge sind nicht so stark, sodass sie unverdünnt ausgebracht werden müssen. Die Reste wandern auf den Kompost.

MEIN TIPP
Brennnesselauszug wirkt wunderbar gegen Blattläuse, wenn die befallenen Pflanzen regelmäßig eingesprüht werden.

Notizen, Ideen & Erfolge

....

....

....

Ein Tee hilft kranken Pflanzen auf die Beine

Heißwasserauszug verdünnt

Beim klassischen Heißwasserauszug werden die wasserlöslichen Inhaltsstoffe herausgefiltert. Dieses Verfahren wird bei Blättern und Blüten mit flüchtigen Stoffen und fein zerkleinerten Rinden und Wurzeln angewandt. Verdünnt kann der Sud zur Vorbeugung von Pilzkrankheiten und Schädlingen eingesetzt werden. Die Vorteile beim «Servieren» eines Tees:

- Tees sind billiger und umweltfreundlicher als käuflich erworbene Pflanzenschutzmittel.
- Einsetzbar in jedem Biogarten.
- Reste können problemlos kompostiert werden.

WAS IST ZU TUN?

AUSZUG
Hergestellt wird er aus Kräutern, frisch oder getrocknet, die mit kochendem Wasser übergossen werden. 15 bis 20 min abgedeckt ziehen lassen.

ANWENDUNG
Alles durch ein Sieb in Glasflaschen gießen und verschließen. So hat man ein Spritzmittel zur Vorbeugung von Pilzkrankheiten und Schädlingen.

MEIN TIPP
Viele Inhaltsstoffe der verwendeten Pflanzen werden durch ein zu starkes Kochen zerstört und mit einem Kaltwasserauszug nicht genügend gelöst. Darum ist ein Tee ideal für die Schädlingsabwehr.

Aus der Zauberküche

Manchmal muss es eine Brühe sein

Ein Sud oder eine Brühe lassen sich aus Brennnessel, Acker-Schachtelhalm, Giersch, Löwenzahn, Knoblauch, Zwiebel oder Kamille herstellen. Dazu Regen- oder abgestandenes Wasser benutzen. Zerkleinerte frische oder getrocknete Pflanzenteile werden 24 Stunden lang in Wasser eingeweicht. Vorteile:

- Leichte, gefahrlose Anwendung. Vorbeugend und kräftigend.
- Ein Schädlingsbefall kann überwunden werden.
- Keine Gefahr einer Überdüngung.
- Die Kräuter wachsen meist im eigenen Garten, auch als Unkraut.

WAS IST ZU TUN?

KOMPOST
Um die Brühe als Kompost zu verwenden, sollte man sie 20 min mit verschlossenem Deckel leicht sieden lassen.

GRÜNDUNG
Verdünnt, und zwar 1:5, kann der Sud regelmäßig zur Vorbeugung von Pilzkrankheiten und Schädlingen eingesetzt werden.

MEIN TIPP
Ist die Brühe abgesiebt, kann diese in Glasflaschen gefüllt werden. Dunkel und kühl gelagert, ist der Sud lange haltbar.

....

....

....

Irgendetwas stimmt nicht mit den Blättern der Ulme

Aus einem Baum wird eine Kröte

Wenn sich die Blätter der Ulme (*Ulmus*) fast alle unförmig verändern, hat sich da jemand eingenistet. Dieser jemand ist die Ulmengallmilbe (*Aculus ulmicola*). Diese kleinen Tierchen verursachen ein ziemlich auffälliges Schadbild, viele Gallen auf der Blattoberseite lassen es wie eine Kröte aussehen. Gallmilben besitzen nur vier Beine, zählen jedoch wie alle Milben zu den Spinnentieren. Sie haben einen wurm- oder spindelförmigen Körper bei einer Länge von nur 0,1 bis 0,2 mm. Die Verursacher sind einzeln nur mithilfe eines Mikroskops sicher zu erkennen.

WAS IST ZU TUN?

AUSSICHTEN
Ulmengallmilben befallen nicht nur einzelne Blätter, sondern ganze Äste, manchmal sogar den ganzen Baum.

GALLEN
Das Wachstum der Ulme wird durch die Gallen kaum beeinträchtigt. Bei starkem Befall leidet oft die Widerstandskraft gegen andere Schädlinge.

MEIN TIPP
Frühzeitiger Rückschnitt der betroffenen Stellen am Baum. Eine vorbeugende Behandlung mit einem Knoblauchsud hilft, ebenso Netzschwefel.

Notizen, Ideen & Erfolge

....

....

....

Gänge im Garten: Wühlmaus oder Maulwurf?

Friede den Maulwürfen

Die Wühlmaus bekommt drei- bis viermal jährlich Nachwuchs mit fünf Jungen. Zehn Wochen brauchen sie, bis sie sich vermehren können. Diese sprunghafte Vermehrung kann im Herbst zu starken Fraßschäden führen. Überall sind die 5 cm breiten und 8 cm hohen Gänge zu sehen. Die Wühlmaus gräbt welche, die ziemlich weit oben verlaufen, sodass man die hochgedrückten Tunnel erkennen kann. Der Maulwurf tut genau das Gegenteil. Da er mit seinen Grabschaufeln von rechts nach links gräbt, sind hier die Gänge eher breit als hoch. Gerne aber nutzen die Wühlmäuse die Gänge des Maulwurfs.

WAS IST ZU TUN?

VERTREIBEN
Gestaltet der Maulwurf den Garten zu einer Kraterlandschaft, kann man ihn mit stinkenden Flüssigkeiten vertreiben, die regelmäßig in die Gänge gegossen werden.

ACHTUNG
Der Maulwurf ist unter besonderen Schutz gestellt. Man darf die Tiere weder fangen noch stören. Daher ist es strengstens verboten, Maulwürfe mit Fallen, Gift oder Abgasen zu töten.

WISSENSWERT
Der Maulwurf interessiert sich nicht die Bohne für unser Gemüse. Er ist ein Fleischfresser und bevorzugt Würmer, Engerlinge, auch Wühlmäuse. Nebenbei lockert er den Boden. Das kommt den Pflanzen zugute.

Auch Pflanzen bekommen einen Sonnenbrand

Zu starke Strahlen

Rote, braune oder grausilbrige Blattverfärbungen zeigen oft keinen Schädlingsbefall an. Gerade Rhododendren weisen oft im Sommer diese unschönen Verfärbungen auf. Die Ursache ist meist ein zu sonniger Standort. Oft kann man diesen nicht ändern, aber ein Schattierleinen an heißen Sommertagen kann helfen, dass die Pflanzen nicht verbrennen. Pflanzen in Kübeln am besten unter einen schattigen Baum stellen oder mit einem Sonnensegel auf der Terrasse schützen. In heißen Sommern sollte der Rasen nicht zu kurz geschnitten werden.

WAS IST ZU TUN?

UMZUG
Gegen Sonnenbrand hilft vor allem eines: den Rhododendron im nächsten Frühjahr umpflanzen, und zwar an einen schattigeren Platz.

WASSERBAD
Sind die Sommer zu heiß, hilft unentwegtes Wässern, damit Beeren nicht gelb werden und Stämme keine Risse bekommen.

MEIN TIPP
Rhododendren der Sorte Yakushimanum haben auf den Blättern einen pelzigen Sonnenschutz. Sonnenbrand bekommen sie nicht.

Notizen, Ideen & Erfolge

....

....

....

Wer springt da am Rhododendron herum?

Grüne Zikade mit roten Längsstreifen als Blütenvernichter

Die Larven der Rhododendronzikade (*Graphocephala fennahi*) saugen vorwiegend an den Hauptadern der Blattunterseite. Ab Juni tun dies ausgewachsene Zikaden sowohl auf der Blattober- als auch auf der Blattunterseite. Sie schädigen die Rhododendren aber weniger durch ihre Saugtätigkeit als vielmehr durch die Übertragung der Knospenbräune (*Pycnostysanus azaleae*). Im Spätsommer legen die Zikaden nämlich ihre Eier in die Rhododendronknospen. Dabei wird der Schaderreger der Knospenbräune, ein Pilz, übertragen. Die Knospen trocknen ein und werden grau. Die Folge: Es gibt keine Blüte.

WAS IST ZU TUN?

BEHANDLUNG
Nach Sichtbarwerden der gelblichen Larven im Mai kann die Entwicklung zur Zikade durch eine erste Spritzung mit Rainfarn-Tee abgeschwächt werden.

REZEPT
300 g blühendes oder 30 g getrocknetes Kraut mit 1 l Wasser aufkochen, ziehen lassen und auf 5 l verdünnen. Sehr erfolgreich in Kombination mit Neem-Spritzungen in den Morgen- oder Abendstunden.

MEIN TIPP
Am besten morgens spritzen, da sich die Zikaden dann in der Kältestarre befinden. Um die erwachsenen Tiere an der Eiablage zu hindern, sollten weitere Spritzungen im Spätsommer erfolgen.

Noch ein Plagegeist am Rhododendron

Wanzen im Schnittmuster-Look

Die Andromeda-Netzwanze (*Stephanitis takeyai*) liebt trockene, warme Jahre – was zu einer sprunghaften Vermehrung führt. Diese Wanzen fallen erst auf, wenn die Blätter ab Mai ein gesprenkeltes Muster aufweisen. Unter den Blättern verstecken sich übers Jahr die einzelnen Entwicklungsstadien: ab Mai 1 bis 2 mm große, flugunfähige Larven (erst hell gefärbt, später mit dunklen Flecken), später die ausgewachsenen Tierchen. Stark befallene Blätter rollen sich nach unten ein. Die Eier werden ab August in die Nähe der Hauptblattader in das Blattgewebe abgelegt, mit einem Überzug aus Kot.

WAS IST ZU TUN?

HILFE
Die Entwicklung zu Wanzen kann durch eine erste Spritzung mit Rainfarn-Tee abgeschwächt werden. Ideal in Kombination mit Neem-Spritzungen.

RAINFARN
300 g blühendes oder 30 g getrocknetes Kraut mit 1 l Wasser aufkochen, ziehen lassen und auf 5 l verdünnen.

WISSENSWERT
Behaarte Blattunterseiten werden gemieden, violette und erst spät blühende Sorten bevorzugt befallen.

Notizen, Ideen & Erfolge

....

....

....

Heute schon an Morgen denken

Stecklingsvermehrung

Jetzt ist die richtige Zeit, um viele Pflanzen durch Stecklinge zu vermehren. Ein Steckling ist ein Teil, der von einer Mutterpflanze abgeschnitten wird und zu einer neuen Pflanze heranwächst – wenn alles gut klappt. Stecklingsvermehrung bietet sich an, wenn kein Saatgut zur Verfügung steht. Krautige Stecklinge wurzeln am schnellsten, können aber auch am ehesten faulen. Darum ist es wichtig, bei dieser Vermehrung desinfiziertes Werkzeug (Messer, Schere) zu nutzen.

WAS IST ZU TUN?

KOPFSTECKLINGE
Sie werden von einjährigen blütenlosen Trieben geschnitten, etwa 5 mm unter einem Blattknoten; sie sollten etwa 10 cm lang sein und 2 bis 4 Blattpaare besitzen, je nach Pflanze.

TEILSTECKLINGE
Teilstecklinge haben keine Sprossspitze und sollten etwa bleistiftdick und 10 bis 30 cm lang sein; die untersten Blätter werden entfernt. Genutzt werden untere und mittlere Triebteile.

MEIN TIPP
Stecklinge mit Frischhaltefolie abdecken oder ihnen ein Glas überstülpen, das sorgt für ein sicheres Anwachsen.

Notizen, Ideen & Erfolge

....

....

....

....

Auch Töpfe können ausblühen

Hübsch ist was anderes

Mit der Zeit bilden sich an bepflanzten Tontöpfen und Kästen außen weiße Beläge. Das sind Ablagerungen von Kalk und Düngesalzen. Sie entstehen durch Gießen und kalkhaltiges Wasser nach Verdunstung. Aber auch zu häufiges Düngen führt dazu, dass die Gefäße nicht mehr schön anzusehen sind. Was aber den Pflanzen in ihnen nicht schadet.

WAS IST ZU TUN?

ABHILFE
Die Tongefäße mit einem Wasser-Essig-Gemisch einsprühen und einen Tag lang einwirken lassen. So lösen sich die Ablagerungen.

REZEPT
Auf 1 l Wasser 100 ml Essig geben; bei starken Belägen muss die Behandlung wiederholt werden.

ACHTUNG
Die Pflanzen sollten mit dem Essig-Wasser-Gemisch nicht in Kontakt kommen, sonst sterben sie ab.

Manchmal bewirken kleine Schritte große Veränderungen

Einen natürlich ökologischen Garten planen

Wir unternehmen etwas, wenn der Echte Mehltau die Gurken mickrig aussehen lässt oder die Spinnmilben die Tomatenblätter aussaugen. Oder wir setzen neue Pflanzen ein. Wann immer wir solche Maßnahmen einsetzen, greifen wir massiv in das biologische Gleichgewicht ein. Deshalb sollte man darauf achten, dass dies so behutsam wie möglich geschieht. Es empfiehlt sich nicht, nach Belieben im Gartencenter Pflanzen oder falsche Düngemittel zu erwerben.

WAS IST ZU TUN?

UNKRAUT
Ein aufgeräumter Garten, in dem man viel Unkraut jätet, wird überschätzt. So manches Wildkraut sorgt für Artenvielfalt.

TINKTUREN
Tinkturen aus Rainfarn, Brennnesseln und Acker-Schachtelhalm sind allen anderen Pflanzenstärkungsmitteln vorzuziehen.

MEIN TIPP
Selbst biologische Pflanzenschutzmittel sollten nur mit Bedacht eingesetzt werden, denn auch durch sie können Nützlinge Schaden nehmen.

Notizen, Ideen & Erfolge

Nützlinge im Garten, so locken wir sie an

Viele verschiedene Helfer

Nützlinge wie Marienkäfer, Florfliegen, Schlupfwesen, Laufkäfer oder Vögel sind in den Garten-Freundeskreis aufzunehmen. Damit sie kommen und bleiben, sollte Folgendes gewährleistet sein:

- Keine chemischen Pflanzenschutzmittel
- Unterkünfte schaffen
- Artenreichtum an Pflanzen
- Nektarspendende Pflanzen
- Nisthilfen bauen
- Auch das Spritzen von biologischen Mitteln eingrenzen
- Pflanzenstärkung ist die erste Wahl

WAS IST ZU TUN?

GESUNDE PFLANZEN
Sie sind weniger anfällig und trotzen den Plagegeistern.

GESUNDER BODEN
Ist die Wurzel gesund, ist die Pflanze gesund.

GESUNDE NÜTZLINGE
Sie sorgen dafür, dass die Pflanzen gut gedeihen.

Bodendecker an schattigen Standorten

Viel Farbe an dunklen Orten

Wer ein schattiges Beet hat, wo nichts wachsen will außer irgendwelchen Wildkräutern, die einem nicht gefallen, dem empfehle ich den Balkan-Storchschnabel (*Geranium macrorrhizum*). Dieser ist ein beliebter Bodendecker, der mit seinen vielen winzigen Blütenbüscheln in Rosa, Rot bis hin zu Violett so dicht wächst, dass auch Igel & Co. darin einen Unterschlupf finden. Wie alle Geranium-Gewächse verbreitet der Balkan-Storchschnabel einen würzigen Geruch. Auch im Herbst begeistert die Pflanze mit goldgelben Blättern.

WAS IST ZU TUN?

WINTERHART
Der Balkan-Storchschnabel wächst gut im Vollschatten, aber auch unter einer prallen Sonne; er verträgt bis zu minus 20 Grad Celsius.

STANDORT
Das hübsche Geranium-Gewächs eignet sich besonders für die Unterpflanzung von Bäumen und Sträuchern.

MEIN TIPP
Storchschnabel-Arten gibt es in verschiedenen Farben und Höhen, hiermit lassen sich schöne schattige Beete gestalten.

Notizen, Ideen & Erfolge

....

....

....

Baumscheiben bepflanzen

Summende und brummende Obstbäume

Sehr zufrieden bin ich mit meinen bepflanzten Baumscheiben, auch wenn einige Kollegen und Kolleginnen anfangs Bedenken äußerten wegen der Wasserversorgung. Ich habe jedenfalls nur positive Erfahrungen gemacht. Rund um meine Obstbäume habe ich Stauden und Gräser gepflanzt, darunter Flockenblume, Lavendel, Katzenminze, Gundermann, Japan-Segge oder Nelkenwurz. Natürlich nehmen sie dem Baum Wasser weg und ich muss alles häufiger gießen, dafür hellen sie die schattigen Bereiche auf und ziehen viele Nützlinge an.

WAS IST ZU TUN?

SAAT
Schon fürs nächste Jahr notieren: im Frühjahr die Baumscheibe auflockern und eine Saatmischung ausbringen.

BUNTES TREFFEN
Für alle, die es nicht abwarten können, darf auch direkt gepflanzt werden. Jungpflanzen gibt es in jeder Gärtnerei. Je mehr Arten gepflanzt werden, umso besser.

MEIN TIPP
Auf Pflanzen achten, die ungefüllte Blüten besitzen, denn nur diese sind attraktiv für die Insektenwelt.

Wenn die Kirsche blutet

Harzfluss an Obstbäumen

Lässt der Kirschbaum die Blätter hängen, ist für ihn schon oft Herbst angesagt. Er klagt uns sein Leid, indem er vermehrt blutet. Aus der Rinde tritt dann bernsteinfarbenes Harz, was auch als Gummifluss-Krankheit bezeichnet wird. Das Austreten von Harz ist ein Symptom dafür, dass es dem Baum nicht gutgeht. Die Ursache liegt oft am Boden, es fehlt ihm an Kalzium. Trockenperioden bedingen, dass kein Kalk im Baum transportiert wird. Der Klimawandel verstärkt die Ausbreitung der Krankheit.

WAS IST ZU TUN?

HILFE
Den Boden um den Kirschbaum lockern und dann eine Kalkschlämme, am besten mit Algenkalk, herstellen. Mit viel Wasser in den Boden bringen.

ACHTUNG
Egal ob Süß- oder Sauerkirsche, beide Baumarten leiden, wenn nicht genügend Kalzium transportiert werden kann. Saurer Boden verstärkt den Schaden.

MEIN TIPP
Kirschbäume gehören zum Steinobst und dürfen nach der Ernte geschnitten werden.

Notizen, Ideen & Erfolge

....

....

....

Ohne Neem geht gar nichts

Geschenk des Himmels

Der in den Tropen und Subtropen beheimatete Neembaum (*Azadirachta indica*) hat es in sich. Das aus den grünen, olivenähnlichen Früchten gewonnene Neemöl wirkt antibakteriell und antiviral. Im Gartenbau ist der wichtigste Bestandteil Azadirachtin. Dieser Wirkstoff wird aus den Samen des Baums gewonnen. Neben der Wiederherstellung des natürlichen Gleichgewichts verleiht er den Blättern einen gesunden Glanz. Wer Neem verwendet, erledigt damit ausschließlich saugende und beißende Insekten. Für Nützlinge, die hilfreiche Dienste leisten, ist es bedenkenlos.

WAS IST ZU TUN?

BEHANDLUNG
Bei einem Befall sollte eine Neem-Behandlung im Abstand von zehn Tagen wiederholt werden. Vorbeugend alle sechs bis acht Wochen die Pflanzen damit besprühen.

ACHTUNG
Da einige Pflanzen etwas empfindlich auf Neem reagieren, sollte man die angegebene Dosierung nicht überschreiten. Vielleicht auch eine Test-Spritzung machen.

MEIN TIPP
Neem gibt es im Handel als Pflanzenschutzmittel oder als kalt gepresstes Umgebungsspray. Neemschrot eignet sich zudem zur Düngung von Gemüse.

JULI

Warum werden die Brombeeren nicht reif?

Partiell bleibt die Beere rot

Da freut man sich auf eine großartige Brombeerernte – und plötzlich werden etliche Beeren nicht reif. Sie verfärben sich teilweise an der Frucht rot und vertrocknen. Der verantwortliche Mini-Schädling ist die Brombeergallmilbe (*Acalitus essigi*) mit einer Größe von nur etwa 0,2 mm. Sie sorgt dafür, dass die Ernte ausbleibt. Die Milbe überwintert in den Blattachsen und unter den Knospenschuppen. Mit Beginn des Frühjahrsaustriebs wird sie wieder aktiv und saugt an den Früchten.

WAS IST ZU TUN?

BEHANDLUNG
Im Frühjahr sollte eine direkte Bekämpfung mit einem Rapsölpräparat erfolgen. Auch eine Behandlung mit Netzschwefel oder Knoblauch ist wirksam.

EFEU
200 g frische oder 10 g getrocknete Efeublätter mit 50 g gehacktem Knoblauch kurz aufkochen und auf 3 l verdünnen. Nach dem Austrieb behandeln. Eine Wiederholung ist empfehlenswert.

MEIN TIPP
Um die Gefahr eines Befalls an den Früchten zu mindern, sollten befallene Brombeerranken nach der Ernte im Herbst oder Winter stark zurückgeschnitten und entfernt werden.

Notizen, Ideen & Erfolge

Der Rainfarn kann gepflückt werden

Kostbare Natur

Wer beißende und saugende Insekten wie Weiße Fliegen oder Raupen mit natürlichen Mitteln bekämpfen möchte, kann einen Sud aus Rainfarn (*Tanacetum vulgare*) herstellen. Er ist mehrere Monate haltbar. Die Pflanze blüht von Juni bis September und ist giftig. Beim Rainfarn handelt es sich um eine ausdauernde (mehrjährige), krautige Pflanze. Am aufrechten Stängel sind die dunkelgrünen Laubblätter wechselständig angeordnet. Zerreibt man sie zwischen den Fingern, verströmen sie einen starken Duft.

WAS IST ZU TUN?

BEHANDLUNG

200 g frischen oder 20 g getrockneten Rainfarn in 1 l Wasser aufkochen und 20 min ziehen lassen. Dann auf 5 l verdünnen. Pflanzen vorbeugend regelmäßig einsprühen.

ANDERE NAMEN

Der Rainfarn hat in seiner Geschichte schon viele Namen gehabt: Wurmkraut, Kraftkraut, Michelkraut, Rainfeldblümlein, Revierblume, Tannkraut.

MEIN TIPP

Die Ernte zum Trocknen auf den Kopf hängen, dann zerkleinern, am besten mit einer Kaffeemühle. Der Sud kann in Teebeuteln aufgebrüht werden.

Notizen, Ideen & Erfolge

Brauchen Gurken Stickstoffdünger?

Damit sie groß rauskommen

Organischer Dünger ist für Gurken die erste Wahl. Gurken werden bei der Pflanzung gedüngt und während der Kultur immer wieder. Von Mai bis Juli ist ihr Hauptwachstum, aber man kann die Düngung noch bis zur Erntezeit fortsetzen, um den Erntezeitraum zu verlängern. Gurkenpflanzen sind salzempfindlich und benötigen wenig Stickstoff und Chlor. Deshalb sollte man einen mineralischen Dünger mit hohem Stickstoff- oder Chlorid-Anteil vermeiden. Dessen Verwendung führt nur zur Versalzung des Bodens.

WAS IST ZU TUN?

PFERDEMIST
Gurken sind ein schnell wachsendes Gemüse. Wärme, Wasser und Nährstoffe sind die Voraussetzungen für eine optimale Entwicklung. Pferdemist lieben sie sehr.

ACHTUNG
Bei Chlorid handelt es sich um ein Salz. Der Stoff, der in der Küche für die richtige Würze sorgt, bereitet den Gärtnern und Gärtnerinnen allerdings manchmal große Probleme.

MEIN TIPP
Gurken mögen als Nachbarn Bohnen, Dill, Fenchel, Kopfsalat, Rote Bete, Sellerie und Zwiebeln. Ziemlich unpassend finden sie Tomaten und Radieschen.

Königsblüte bei der Paprika entfernen

Süß oder scharf, rundlich oder spitz – es muss ausgeknipst werden
Bei großfruchtigen Paprikasorten hat sich das Auskneifen der Königsblüte – die erste Blüte – als sehr wirkungsvoll erwiesen. Diese bildet sich an der Spitze der Pflanze zwischen dem Haupt- und dem ersten Seitentrieb, also der ersten Y-Verzweigung. Das Ausbrechen dieser Blüte bewirkt, dass die Pflanze noch weiterwächst, und es soll verhindern, dass die erste Frucht die Bildung weiterer Blüten und Früchte verzögert oder sogar hemmt. Auch bei Tomaten kann das gemacht werden, um die Ernte zu steigern.

WAS IST ZU TUN?

BEHANDLUNG
Die Blüte zwischen Daumen und Zeigefinger greifen und vorsichtig herausdrehen.

ACHTUNG
Die Paprika muss nicht zwingend ausgegeizt werden, es schadet ihr aber auch nicht.

MEIN TIPP
Bei den Chilis ist das Ausgeizen nicht notwendig. Im Netz wird viel diskutiert, ob es nützt oder nicht – ich persönlich konnte keine Vorteile feststellen. Am besten selbst ausprobieren!

Notizen, Ideen & Erfolge

....

....

....

Im Sommer werden Rosen leicht ignoriert

Rasante Ausbreitung

Bei Rosen haben jetzt Pilzkrankheiten Konjunktur. Neben Mehltau und Rosenrost ist der Sternrußtau (*Diplocarpon rosae*) eine sehr hartnäckige Rosenkrankheit. Sie greift aber nicht nur Rosen an, sondern auch Lorbeer und Oleander. Bei dem Erreger handelt es sich um einen Schlauchpilz. Der überwintert auf abgefallenen Blättern am Boden und an der Rinde der Pflanzen mit sogenannten Apothecien – das sind die Fruchtkörper der Schlauchpilze. Von dort aus infiziert er im Frühjahr die Pflanzen. Eine Infektion kann aber auch durch Gieß- und Regenwasser erfolgen.

WAS IST ZU TUN?

ERKENNEN
Auf der Blattoberseite befinden sich große schwarze Fruchtlager. Sie sind ungleichmäßig verteilt oder in konzentrischen Kreisen angeordnet.

ACHTUNG
Nicht zu viel Stickstoffdünger geben. Das macht die Zellen der Rosen weich, und Schädlinge und Pilze haben ein leichtes Spiel.

MEIN TIPP
Einen Sud aus Acker-Schachtelhalm tropfnass aufsprühen. Vorzugsweise frühmorgens oder gegen Abend, damit es keine Verbrennungen auf den Blättern gibt.

Boden lockern, um Wasser zu sparen

Eine Tätigkeit, die fast jeder kennt – aber nicht unbedingt mag

Um unerwünschte Pflanzen aus den Beeten zu verbannen, gibt es ein sehr altes Mittel. Es besteht zu einem Großteil aus Eisen und wird in Fachkreisen Hacke genannt. Regelmäßiges Auflockern der oberen Bodenzentimeter zwischen den Reihen sollte im Sommer zu den Routinearbeiten gehören, so bekommen die Wurzeln auch mehr Luft. Nicht umsonst gibt es den Spruch: «Einmal gehackt ist dreimal gegossen.»

WAS IST ZU TUN?

VORTEIL
Durch das Hacken wird der Boden aufgelockert, außerdem verdunstet das kostbare Wasser nicht so schnell.

ACHTUNG
Unerwünschte Pflanzen am besten absammeln, damit diese nicht wieder anwachsen.

MEIN TIPP
Wer keine Lust zum Hacken hat, der mulcht seine Beete. Das spart eine Menge schweißtreibende Arbeit.

Notizen, Ideen & Erfolge

Marienkäferlarven sind wichtig für den Naturhaushalt

Geliebte Räuber

Auf den Blättern der Pflanzen kann man um diese Jahreszeit oft blaugrau, braun oder manchmal sogar gelb-orange gefärbte Flecken finden. Manche von ihnen sind glatt, andere haben schwarze oder rote «Warzen» über den Körper verteilt, und einige besitzen sogar Auswüchse, die wie Dornen aussehen. Das sind die Larven der Marienkäfer (*Coccinellidae*), sie sehen nicht nur gefährlich aus, sie bedeuten auch den Tod vieler Blattläuse.

WAS IST ZU TUN?

KEINE CHEMIE
Nur durch den Verzicht auf chemische Pflanzenschutzmittel wird es möglich, dass genügend Nützlinge im Garten ein Zuhause finden.

ALLE ACHTUNG
Die Nachkommen eines einzigen Marienkäfers verputzen während eines Sommers an die 100 000 Läuse.

MEIN TIPP
Falls der Befall mit Blattläusen überhandnimmt, können Marienkäferlarven auch zugekauft werden.

Blattwespen schaben an den Blättern

Vom Loch- und Randfraß über den Skelettierfraß bis zum vollständigen Kahlfraß

Sommerzeit ist Blattwespenzeit, sie treten in Massen auf. Aber nicht die Blattwespen (*Tenthredinidae*) sind die große Gefahr (sie können sogar nützlich sein, weil sie sich von anderen Schadinsekten ernähren), es sind eher die kleinen, ziemlich gefräßigen Raupen, die je nach Art unterschiedlich aussehen, aber letztlich den Schmetterlingsraupen ähneln. Wie der Name Blattwespe schon suggeriert, fressen sie Blatt für Blatt auf.

WAS IST ZU TUN?

APPETITZÜGLER
Die Pflanzen regelmäßig mit einem Tee oder Sud aus Rainfarn besprühen, das verdirbt den Raupen den Appetit.

WURMKRAUT
200 g frischen oder 20 g getrockneten Rainfarn in 1 l Wasser 15 min köcheln lassen, absieben und auf 5 l verdünnen. In Glasflaschen abfüllen, das macht den Sud haltbar.

ABSAMMELN
Beim Absammeln suche ich nach Raupen in einer Rot-, Gelb- oder Grünfärbung. Im Einzelfall treten die Larven auch mehrfarbig auf.

Basilikum und Tomaten – eine wahre Freundschaft

Ein wunderbarer Schutzpartner

Basilikum (*Ocimum basilicum*) gedeiht am besten an einem halbschattigen Standort. Der Boden sollte nährstoffreich und ausreichend feucht sein. Basilikum ist keine mediterrane Pflanze, wie oft angenommen wird, sie gehört zur Familie der Lippenblütler (*Lamiaceae*) und ist in den tropischen Gebieten Afrikas, Asiens und Südamerikas heimisch. Das Kraut gedeiht auch ohne Probleme im Topf auf dem Balkon oder der Terrasse. Im Garten ist es nur als einjährige Kultur geeignet.

WAS IST ZU TUN?

WIN WIN
Das Basilikum schützt die Tomaten vor Mehltau und der Weißen Fliege, im Gegenzug beschattet die Tomate das Basilikum.

MISCHKULTUR
Mischkulturen sind generell ertragreicher. Der unterschiedliche Bewuchs schattiert zudem den Boden und schützt ihn vor dem Austrocknen.

MEIN TIPP
Bei der Ernte von Basilikum nur einzelne Blätter abzupfen, dabei die Stängel nicht mit abschneiden. In den Blattachseln befinden sich neue Blätter, die dann nachwachsen.

Notizen, Ideen & Erfolge

....

....

....

Gurken bilden erst männliche Blüten

Gurken in Stresszeiten

Freiland- und Salatgurken sind Kürbisgewächse und bilden männliche und weibliche Blüten aus (Zweihäusigkeit), doch die männlichen an den Blattachseln kommen zuerst. Sind die Pflanzen kräftiger geworden, folgen die weiblichen Blüten, zu erkennen an einem länglichen Fruchtknoten. Treten während des Wachstums ungünstige Witterungsbedingungen auf, kann es passieren, dass die Pflanze weibliche Blüten abstößt und nur männliche Blüten bestehen lässt. Auf diese Weise setzt sie einen Überlebensmechanismus in Gang, um in «schlechten Zeiten» keine Nachkommen zu produzieren.

WAS IST ZU TUN?

FREILAND?
Salat- und Schlangengurken werden im Gewächshaus angebaut, da sie hier die größten Erträge erzielen. Gurken nur dann im Freiland säen, wenn sie dafür empfohlen werden.

WASSERMANGEL
Wenn Gurkenpflanzen blühen, aber keine Früchte entwickeln, kann das an einer unzureichenden Wasserversorgung liegen, sie leiden also eventuell unter Trockenstress.

MEIN TIPP
Sorten anbauen, die vorwiegend weiblich blühend beschrieben werden. Sie brauchen aber trotzdem männliche Blüten zur Bestäubung.

Der Kohlrabi dehnt sich aus, bis er platzt

Risse im Gemüse

Man hegt und pflegt die Gemüsepflanzen, sorgt für ausreichend Nährstoffe – und dann platzen die Knollen auf. Kohlrabi (*Brassica oleracea var. gongylodes*) ist so ein Kandidat, er reagiert besonders sensibel auf eine wechselnde Bodenfeuchte. Bei andauernder Trockenheit lagern die Pflanzen Lignin in ihren Zellwänden ein. Lignin bewirkt das Verholzen von Zellen. Kommt es dann zu stärkeren Regenfällen oder wird zu viel gegossen, dehnt sich das Zellinnere aus, die Knolle beginnt wieder zu wachsen. Die äußeren Zellwände können dem Druck nicht standhalten – und die Rübe platzt auf.

WAS IST ZU TUN?

BEHANDLUNG
Um ein Aufplatzen zu vermeiden, sollte das Gemüse unbedingt regelmäßig gewässert werden, auch im Urlaub.

AUSTROCKNUNG
Sobald der Kohlrabi anfängt auszutrocknen, wird er zunächst von außen härter (er verholzt unter der Schale) und bildet innen kleine weiße Flecken, die weich sind.

MEIN TIPP
Kohlrabis können wir noch essen, wenn sie geplatzt sind. Es fällt dann zwar etwas mehr Abfall an, aber sie sind immer noch genießbar.

Notizen, Ideen & Erfolge

Erdflöhe fressen den Kohl

Typische Fensterfresser

Erdflöhe (*Psylliodes*) sind keine Flöhe, sondern winzige Käfer. Mit ihren kräftigen Hinterbeinen springen sie wie Flöhe von einem Blatt zum nächsten – daher der Name. Erdflöhe überwintern in Hecken, Laub- und Mulchschichten. Im Frühjahr legen sie ihre Eier in der Erde ab, wo Larvenentwicklung und Verpuppung erfolgen. Vor allem im Hochsommer fressen sich die Schädlinge durchs junge Grün. Sie stehen auf Rucola, Radieschen, Rettich und alle Kohlsorten; Sauerampfer und Zitronenmelisse werden aber nicht angetastet.

WAS IST ZU TUN?

BEHANDLUNG
Bei dem Erdfloh mit dem blaugrün glänzenden Chitinpanzer hilft eine Jauche aus Rainfarn oder Wermut. Auch Zwiebeln und Knoblauch wehren die Käfer ab.

REZEPT
Je 1 kg Rainfarn und Wermut (geschnitten) mit 10 l Wasser in eine Tonne geben. Täglich umrühren, bis es nicht mehr schäumt. Die Jauche 1:10 verdünnt wöchentlich anwenden.

MEIN TIPP
Eine Alternative, um die lästigen Erdflöhe loszuwerden, ist das Bestäuben der Pflanzen mit Gesteinsmehl und Algenkalk.

Notizen, Ideen & Erfolge

Ganz schön Wilder Fenchel

Gesund und aromatisch

Der Wilde Fenchel (*Foeniculum vulgare*) ist eng mit Anis, Kümmel und Dill verwandt. Der Gattungsname *Foeniculum* ist vom lateinischen *foenum* («Heu») abgeleitet und deutet auf die beim Welken und Trocknen schmalen, heuartig aussehenden Blattzipfel hin. Verwendet werden hauptsächlich die Samen, aber auch die Pollen oder das Kraut. Früher fand man den Wilden Fenchel oft in Klostergärten. Wir kennen den Knollen- oder den Gewürzfenchel als Gemüse, aber der Wilde Fenchel ist keineswegs zu vernachlässigen.

WAS IST ZU TUN?

AUSSEHEN
Der Wilde Fenchel kann bis zu 2,5 m in die Höhe wachsen. Der Stängel ist leicht gerillt, die schmalen Blätter sind gefiedert. Die Dolde blüht von Juli bis Oktober in einem schönen Gelb.

VERWECHSLUNG
Die Pflanze verbreitet einen anisartigen Geruch, weshalb man sie nicht mit dem stark giftigen Gefleckten Schierling verwechseln kann, auch wenn dieser eine ähnliche (weiße) Dolde hat.

MEIN TIPP
Wer einen sonnigen Platz freihat, kann den Wilden Fenchel im eigenen Garten anbauen. Er ist mehrjährig und wird recht groß, wenn man ihn lässt. Ab April kann man ihn direkt ins Freiland säen.

Florfliegen schützen

Wunderschöne Nützlinge

Die Larven der Florfliege habe ich schon erwähnt, nun will und muss ich mich der erwachsenen Fliege selbst widmen, schon weil sie so hübsch ist. Sie besitzt hauchzarte durchsichtige Flügel, die mit feinen Adern durchzogen sind. Man kennt diese Nützlinge kaum, denn sie sind nicht besonders groß, haben keine auffallende Färbung und sind zudem überwiegend abends und nachts aktiv. Aber ihre Flügel sind sensationell, sie haben eine besondere Struktur, die an einen Flor erinnert, ein altes Wort für ein sehr zartes, halb durchsichtiges Gewebe. Über 2000 unterschiedliche Arten gibt es weltweit, außer in Australien, rund 70 sind in Europa heimisch.

WAS IST ZU TUN?

WOHNRAUM
Ein blütenreicher Garten zieht die nützlichen Helfer an. Katzenminze in den Staudenbeeten ist ein kleines Wundermittel.

ANSTRICH
Diese Fliegen fliegen auf Rot. Um ihnen das Auffinden eines Florfliegenhauses zu erleichtern, sollte die Vorderseite mit roter Farbe angestrichen sein.

MEIN TIPP
Normalerweise nisten sich die Insekten in Schuppen, herabgefallenem Laub oder hohlen Bäumen ein. Ein Hotel, das genau auf ihre Bedürfnisse abgestimmt ist, wird nicht verschmäht.

Die nicht eingeladene Ackerwinde

Gemeine Täuschung

Wie selbstverständlich macht sie sich im Garten breit, obwohl niemand sie gebeten hat, Gast in ihm zu sein: die Ackerwinde (*Convolvulus arvensis*). Ihre weißen, leicht rosafarbenen und auch noch wohlriechenden Trichterblüten sehen so hübsch aus, so harmlos, als könnten sie keiner anderen Pflanze Leid antun. Dem ist aber überhaupt nicht so. Hartnäckig und in rasender Geschwindigkeit macht die Winde sich an alles ran, was sie nur zu fassen kriegt, und nimmt den anderen Pflanzen Licht und Nährstoffe. Aber wie kann man sie wieder ausladen? Ackerwinden produzieren Samen, die sich über zehn Jahre im Boden halten können.

WAS IST ZU TUN?

KLETTERAFFE
Es reicht nicht, die oberirdischen Pflanzen auszureißen, die unterirdischen Wurzelsprossen würden nur immer wieder neu austreiben.

UNTERWELT
Nie den Boden durchfräsen, so werden die Wurzelstücke nur zerkleinert, und es entstehen wieder viele neue Pflanzen.

MÜHSAL
Um der Ackerwinde nicht komplett ausgeliefert zu sein, kann man den Boden mit einer Grabegabel auflockern und die Wurzeln einzeln ausgraben.

Notizen, Ideen & Erfolge

....

....

....

Wild frisst die Rosenknospen

So niedlich, aber nicht unbedingt im eigenen Garten

Besonders schmackhaft sind für Rehe im Sommer Blumen, frische Triebe und Knospen sowie Baumrinde. Sie lieben Rosenknospen und Gemüse, verschmähen auch Erdbeeren und Johannisbeeren nicht. Für Gärtner und Gärtnerinnen ist das oft ziemlich ärgerlich. Innerhalb einer Nacht ist der Garten halb abgefressen. Vom Gemüse, das so viel Arbeit gemacht hat, ist auch kaum noch etwas übrig. Wer biologisch gärtnert, für den kommen nur natürliche Mittel infrage, um die unliebsamen Tiere zu verscheuchen.

WAS IST ZU TUN?

BELÄSTIGUNG
Schafwolldünger in Wasser auflösen und über die Pflanzen gießen. Hält im Sommer etwa acht Wochen – Rehe mögen den intensiven Geruch von Schafen nicht.

HECKEN
Dichte Dornenhecken (Weißdorn, Berberitze) halten nicht nur Rehe davon ab, den Garten zu betreten, sie bieten auch vielen Vögeln einen Lebensraum.

MEIN TIPP
Die beste Möglichkeit ist immer noch ein stabiler und sehr hoher Zaun. Aber bevor man dafür viel Geld ausgibt, sollten die anderen Alternativen ausprobiert werden.

Plastik in einem naturnahen Garten

Nicht jede Gießkanne ist aus Zink

Übers ganze Jahr bekomme ich jede Menge Ableger und Stecklinge von Pflanzen geschenkt, die so schnell wie möglich umgetopft werden müssen. Aber wenn ich mich in meinem Schuppen umsehe, entdecke ich in meinem Sammelsurium viele Blumentöpfe aus Plastik. Ertappt! Zu meiner Entschuldigung sei gesagt: Ich habe noch nie Plastiktöpfe gekauft, sie wurden jedes Mal mitgebracht. Aber durch ihren ständigen Gebrauch gelangen Mikropartikel in die Umwelt. Dennoch ist es kein leichtes Unterfangen, im Garten komplett auf Plastik zu verzichten.

WAS IST ZU TUN?

TAUSCHBÖRSE
Am besten nach und nach alles austauschen und das Plastikzeug fachgerecht entsorgen. Nicht jedes Gartenmöbel ist aus Holz.

ACHTUNG
Die Pflanzetiketten von den Gartenmärkten sind meist aus Plastik, stattdessen könnte man auch Holzspatel benutzen.

MEIN TIPP
Zum Anbinden meiner Pflanzen nehme ich nur Naturbast und keine Wäscheleine mehr. Die Säcke für die Gartenabfälle habe ich durch kompostierbare Big Bags ersetzt.

Notizen, Ideen & Erfolge

....

....

....

Der Salat vertrocknet – schuld ist der Wurzelbohrer

Aushöhlung mit braunem Kopf

Wenn der Salat wächst und gedeiht und auf einmal vertrocknet und umfällt, und das vor allem im Sommer, dann ist er in Gefahr. Es könnte sein, dass der Wurzelbohrer (*Hepialidae*), auch Wurzelspinner genannt, sein Unwesen treibt und sich für welke Kopfsalat- und Endivienpflanzen zu verantworten hat. Die Wurzelbohrer gehören zu den Schmetterlingen, deren Larven im Boden leben, sich im Salat einnisten und diesen von innen aushöhlen.

WAS IST ZU TUN?

BEHANDLUNG
Um die Fresslust der Larve einzudämmen, sollte Neemschrot in den Boden eingearbeitet werden. Eine Alternative: nur Pflücksalate anbauen.

ACHTUNG
Bei manchen Arten legen die Weibchen mehr als 30 000 Eier. Die nachtaktiven Schmetterlinge legen ihre Eier nicht gezielt an den Pflanzen ab, sondern verstreuen sie wahllos im Flug.

MEIN TIPP
Bei einem starken Befall empfiehlt sich ein Einsatz von Nematoden (*Steinernema carpocapsae*). Diese parasitieren die im Boden versteckten Raupen und töten sie durch die Abgabe eines Toxins ab.

Notizen, Ideen & Erfolge

....

....

....

Steinobst nach der Ernte schneiden

Der Baum muss noch voll im Saft stehen

Traditionell wird Steinobst im Sommer geschnitten, wenn das Holz weniger anfällig ist für Krankheiten und Fäulnis. Steht ein Obstbaum voll im Saft, kann er Schnittwunden schneller verschließen und Pilzkrankheiten besser abwehren. Als Steinobst werden Früchte bezeichnet, die im Gegensatz zum Kernobst nur einen einzigen, harten und größeren Kern ummanteln. Der Kern ist gleichzeitig der Samen. Zum Steinobst gehören unter anderem Süß- und Sauerkirschen, Pflaumen, Pfirsiche, Aprikosen und Nektarinen.

WAS IST ZU TUN?

SOMMERSCHNITT
Die Äste nicht ganz rausschneiden, sondern immer einen Zapfen von 10 bis 15 cm lassen. Dieser Aststummel kann wieder zu neuem Fruchtholz führen oder aber ganz natürlich trocknen.

WASSERTRIEBE
Wer alle Wasserschosse entfernt, wird noch mehr davon ernten. Nur einige am Stamm treibende abreißen (das ist dem Schneiden vorzuziehen), der Baum kommt so mit den Wunden besser zurecht.

MEIN TIPP
Düngt man das Steinobst regelmäßig mit Algenkalk, sorgt das für ein Wohlbefinden der Bäume. Die Brennnesseljauche ist auch hier einsetzbar.

Wer mag es unter Bäumen?

Solidarische Pflanzen-Crews

Ein gesunder Garten entsteht auch mit Pflanzengemeinschaften – bei einer richtigen Zusammensetzung blühen sie so richtig auf. Manche Pflanzen ergänzen sich wunderbar, indem sie sich gegenseitig Nährstoffe verfügbar machen oder sich mit Düften gegen Schädlinge helfen. Falsche Kombinationen sorgen für ein kümmerliches Wachstum und andere Probleme. Klasse Partnerschaften gibt es im Gemüsebeet, aber auch unter Bäumen.

WAS IST ZU TUN?

KIRSCHBAUM
Kapuzinerkresse wehrt Blattläuse ab; das Maiglöckchen wirkt gegen Monilia, und Melisse und Pfefferminze stärken den Baum; der Rote Fingerhut kann Gummifluss vorbeugen.

APFELBAUM
Akelei und Veilchen locken Insekten an und können damit die Bestäubung verbessern. Kresse hält Apfelblattsauger fern, und Knoblauch reduziert das Risiko von Schorf.

APRIKOSE/PFIRSICH
Melisse und Pfefferminze stärken die Gesundheit des Aprikosenbaums. Ringelblume wirkt gegen Blutläuse, und Tomaten halten Blattläuse, Ameisen und andere Schädlinge fern.

Leichter Rückschnitt beim verblühten Lavendel

Mediterranes für fleißige Bestäuber

Der beste Zeitpunkt für den Sommerschnitt ist in der Regel Ende Juli bis Anfang August, wenn der Lavendel zu verblühen beginnt, im unteren Bereich schon stark verholzt ist und dort keine frischen Triebe mehr bildet. Dann hat der Lavendel noch Zeit, eine zweite Blüte zu entwickeln, anstatt seine Energie in die Samenproduktion zu stecken.

WAS IST ZU TUN?

BEHANDLUNG
Den Lavendel nicht bis ins mehrjährige, unbeblätterte Holz zurückschneiden, er treibt dann schlecht wieder aus.

ACHTUNG
Schneidet man Lavendel länger zu wenig zurück, wird die Verholzung sehr kräftig und auch wenig ansehnlich. Das kann schnell geschehen, da Lavendel in guten Jahren rasch wächst.

MEIN TIPP
Besonders wohl fühlt sich der Lavendel in sonnigen Lagen auf kalkigen, lehmig-humosen Erden, da er nur sehr wenig Wasser und kaum Nährstoffe benötigt.

Notizen, Ideen & Erfolge

....

....

....

....

....

Erdbeeren werden jetzt rasiert

Das Herz muss unbeschädigt bleiben

Mitte/Ende Juli sollten die einmal tragenden Erdbeerpflanzen (*Fragaria*) zurückgeschnitten werden, und zwar im Anschluss an die Ernte. Dazu sind alle äußeren Blätter bis auf das Herz mit einem scharfen Messer oder einer Gartenschere auszuputzen. Größere Erdbeerbeete kann man auf 5 bis 10 cm Höhe zurückschneiden. Manche benutzen dafür sogar den Rasenmäher mit Auffangkorb, denn die Blätter, die nicht als Mulch im Beet dienen, sollten entfernt werden.

WAS IST ZU TUN?

BEHANDLUNG
An alten Blättern können Pilzkrankheiten und Schädlinge überdauern. Durch die Rasur werden der Erdbeermehltau oder auch Viruserkrankungen verhindert.

DÜNGEN
Unmittelbar nach dem Schnitt müssen die Erdbeeren gedüngt werden, da sie nun die Blüten fürs nächste Jahr anlegen, das kostet Kraft. Ich empfehle einen Bio-Erdbeerdünger.

MEIN TIPP
Die Blätter sehr spät tragender Sorten werden nicht entfernt. Die verbleibende Vegetationszeit nach der Ernte ist zu kurz, als dass sich neue Blätter und Blüten bilden könnten.

Notizen, Ideen & Erfolge

Erdbeeren geben sich noch nicht geschlagen

Mutter- und Tochterpflanzen

Erdbeeren vermehren sich recht schnell und von ganz alleine: Sie bilden Ranken mit sogenannten Kindeln, die später überall im Beet wurzeln, wenn man sie nicht entfernt. Die Ableger kosten die Mutterpflanze jedoch Kraft, weshalb man sie nach der Ernte abschneidet. Will man aus ihnen neue Jungpflanzen ziehen, geht man jedoch anders vor: Das Laub an der Mutterpflanze schneidet man dann erst zurück, wenn die Ausläufer abgetrennt und verpflanzt sind. Das Blattwerk der Mutterpflanze ist wichtig, um das Kindel ausreichend versorgen zu können.

WAS IST ZU TUN?

AUSWAHL
Für eine Vermehrung die ertragreichsten und stärksten Ableger aussuchen, dazu vorher die Mutterpflanze markieren. Bei verschiedenen Sorten nicht die Beschriftung vergessen.

ACHTUNG
Mit den Jahren können Krankheiten und Schädlinge bei der Kindel-Vermehrung leicht weitergegeben werden.

MEIN TIPP
Es empfiehlt sich, immer mal wieder Jungpflanzen zu kaufen. So kann man auch neue Sorten ausprobieren.

Drahtwürmer bohren sich in Kartoffeln

An manchem Schädling will man kein Haar lassen

Drahtwürmer, wie die Larven des Schnellkäfers (*Agriotes lineatus*) genannt werden, sind leider auf dem Vormarsch, selbst auf ökologisch bewirtschafteten Flächen. Der Käfer legt seine Eier bevorzugt in feuchten Wiesen dicht unterhalb der Bodenoberfläche ab. Umgegrabene Gras- und Rasenflächen sind daher besonders oft von einem Befall betroffen. Nach etwa vier bis sechs Wochen schlüpfen aus ihnen die ersten Larven – die Drahtwürmer. Auch Gartenbeete mit Gründung-Pflanzen sind Tummelflächen für sie.

WAS IST ZU TUN?

BEHANDLUNG
Mehrere Kartoffeln in breite Scheiben schneiden und auf Holzspieße stecken. Dann die Stücke als Köder 5 cm tief in die Erde zwischen die Pflanzen legen.

ACHTUNG
Dem Drahtwurm schmecken neben den Kartoffeln auch noch andere Gemüsepflanzen, etwa Mais, Kohl, Möhre, Zwiebel und Tomate.

MEIN TIPP
Tagetes zwischen den Kartoffelreihen lockt Drahtwürmer an. Diese fressen dann an den Wurzeln, die ein Gift absondern. Daran stirbt der Wurm.

Notizen, Ideen & Erfolge

...

...

...

Schwarze Blätter – wer ist der Übeltäter?

Ansiedeln auf klebrigem Zucker

Schon mehrmals habe ich die Krankheit Rußtau (*Capnodiales*) erwähnt, sie wird von Schlauchpilzen ausgelöst, die auf Zucker wachsen. Das feine Geflecht wird dann als unliebsame optische Veränderung auf Blättern sichtbar, als ein schwarzer, abwischbarer Belag. Rußtaupilze haben keine Favoriten in der Pflanzenwelt, da sie sich nicht von den Pflanzen ernähren. Sie lassen sich dort nieder, wo Honigtau ist. Der wird von manchen Schädlingen (viele Läusearten) als überflüssiger Zucker ausgeschieden. Man muss also den Schädling identifizieren, um den Pilz loszuwerden.

WAS IST ZU TUN?

BEHANDLUNG
Rußtaupilze sind meist Schimmelpilze. Diese nicht mit Insektiziden behandeln, sondern auf altbewährte Hausmittel zurückgreifen.

SEIFENLAUGE
Auf 1 l warmes Wasser 20 ml Seifenlauge geben, damit die Pflanzen einsprühen. Schädlinge und Schwärzepilze werden so reduziert.

MEIN TIPP
Erkrankte Pflanzen von gesunden isolieren. Stark befallene und geschädigte Pflanzenteile abschneiden, dafür nur eine scharfe und desinfizierte Schere verwenden.

Wermut – ein Bittermittel für den Garten

Eine Arzneipflanze richtig anwenden

Wermut (*Artemisia absinthium*) ist mittelgroß und mit seinen silbrigen Blättern attraktiv. Die in ihm enthaltenen ätherischen Öle stärken Pflanzen, und durch seinen aromatischen Geruch werden Insekten ferngehalten und vertrieben. Wermut kann man verjauchen oder als Brühe anwenden. Besonders hilfreich ist er bei Pflanzen, die gerne von Raupen angefressen werden. Hilft aber auch bei Läusen und Ameisenpopulationen.

WAS IST ZU TUN?

BEHANDLUNG
Anfällige Pflanzen, die von Raupen und Käfern gefressen werden können, sollten durch eine wöchentliche Spritzung widerstandsfähig gemacht werden.

REZEPT
250 g frischen oder 25 g getrockneten Wermut kurz aufkochen, durch ein Sieb geben und auf 5 l verdünnen. Pflanzen wöchentlich einsprühen.

MEIN TIPP
Wermut lässt sich sehr gut mit Rainfarn mischen, so erzielt man eine noch bessere Wirksamkeit.

Notizen, Ideen & Erfolge

....

....

....

....

Lupinen im Garten

Ein Bodenpionier

Lupinen (*Lupinus*) gehören zu den Leguminosen, also Hülsenfrüchtlern. Sie sehen nicht nur schön aus, sondern sind auch Stickstoffsammler, sie binden Stickstoff aus der Luft und sorgen dafür, dass der Humus aufgebaut wird. Nachfolgende Pflanzen profitieren davon. Denn Lupinen wandeln den Stickstoff aus der Luft in Nitrat um. Dies geschieht mithilfe von Wurzelknöllchenbakterien, die symbiotisch mit ihnen leben. Das so gebildete Nitrat wiederum wird von den Pflanzenwurzeln im Boden aufgenommen und verwertet. Lupinen gelten damit als idealer Gründünger und können mageren Boden aufbessern.

WAS IST ZU TUN?

GRÜNDÜNGER
Lupinen sind sehr gut geeignet als Gründünger nach der Kartoffel- oder Kohlernte.

VEGANES
Nur die Süßlupinensamen sind essbar und können zu Lebensmitteln verarbeitet werden. Lupinen eignen sich deshalb für vegane Produkte, weil die Samen sehr viel hochwertiges Eiweiß enthalten.

WISSENSWERT
Die Süßlupine ist eine spezielle Zucht der Lupine, der die Bitterstoffe fehlen. Süßlupinen schmecken also nicht süß, sondern lediglich nicht bitter.

Dahlien gesucht

Mehrwert eines Gartens richtet sich nicht nur nach den Bienen

Weil die letzten Winter wohl wegen des Klimawandels nicht mehr so kalt waren, hatte ich die Knollen meiner Dahlien (*Dahlia*) im Boden gelassen. Dabei hätte ich es besser wissen müssen, Dahlien sind nicht winterhart. Nun fand ich sie nicht mehr im Garten, beziehungsweise nur einen kläglichen Rest, und hatte den Salat. Dahlien gehören für mich in jeden Garten, auch wenn viele meinen, sie passen nicht in einen Biogarten, weil gerade die gefüllten Sorten nicht von nektar- und pollensuchenden Insekten angeflogen werden.

WAS IST ZU TUN?

BLÜTEN
Gefüllte Blüten werden kaum von Insekten besucht, weil bei ihnen die Staubblätter bei der Züchtung in Blütenblätter umgewandelt wurden.

FAKE
Gefüllte Blüten findet man auch bei Rosen, Astern, Nelken oder Sonnenblumen. So anziehend diese Pflanzen sind, auch sie sind für Insekten eine Mogelpackung.

MEIN TIPP
Man sollte kein schlechtes Gewissen haben, wenn zwischen ungefüllten Blüten einige gefüllte Blüten als Hingucker blühen.

Notizen, Ideen & Erfolge

....

....

....

Ein schädlicher Fadenwurm

Laub schwillt an, Zwiebeln platzen, bläuliche Verfärbung

Stängelnematoden sind fadenförmige Tiere, nicht größer als 1 bis 2 mm. Man findet sie im Boden, im Wasser, in verrottender organischer Substanz, in Pflanzen, eigentlich überall. Aufgrund ihres Aussehens und ihrer Fortbewegungsart werden diese Fadenwürmer (*Ditylenchus dipsaci*) auch Älchen genannt. Viele Nematoden sind Parasiten von Pflanzen. Die endoparasitischen Arten leben in der Wirtspflanze. Ektoparasitische Nematoden saugen von außen an Pflanzenwurzeln.

WAS IST ZU TUN?

UNHEILBRINGER
Nematoden hemmen die Aufnahme von Wasser und Nährstoffen, was zu einer Welke führen kann. Sie schaffen Eintrittspforten für Folgekrankheiten (Pilze, Bakterien) und übertragen Erreger (Viren).

VIELE WIRTE
Leider haben Fadenwürmer ein breites Wirtspflanzenspektrum, von der Erdbeere über Lauch bis zur schönsten Zierpflanze.

MEIN TIPP
Mein Tipp ist eigentlich kein Tipp, denn viel kann man gegen Stängelälchen nicht tun. Bei ersten Anzeichen nur die befallene Pflanze entfernen und die umgebende Erde entsorgen.

Phlox gehört in jeden Garten, doch manchmal will er nicht so richtig

Äußerst vielfältig und farbenreich

Von Frühjahr bis Herbst lockt der Phlox (*Phlox*), auch als Flammenblume bekannt, mit seinen vielen Sorten und Farben etliche Nützlinge an. Die Heimat der Staude liegt in Nordamerika, im 18. Jahrhundert kam sie als Zierpflanze nach Europa. In meinem Garten beginnt die Blüte mit dem Polsterphlox und endet mit dem hohen Sommerphlox (er blüht bis in den Oktober hinein, einige Arten schaffen es sogar bis zu den ersten Frostnächten). Der Phlox ist eine mehrjährige, krautige Pflanze, die in allen Farben blüht – außer in Gelb.

WAS IST ZU TUN?

HÜBSCHES BILD
Schneidet man nach dem Verblühen die Hauptblüte ab, blühen die Seitentriebe nach.

ACHTUNG
Leider werden die Stauden gern von Stängelälchen und Mehltau befallen, weshalb man widerstandsfähige Sorten wählen sollte. Mehltau lässt sich leicht mit Milch behandeln. Stängelälchen leider nicht.

MEIN TIPP
Die Stauden brauchen einen sonnigen Platz mit einem durchlässigen Boden.

Notizen, Ideen & Erfolge

....

....

....

Stauden, die nicht gefressen werden

Ein Staudengarten, der nur Freude macht

Schnecken, man hält es kaum für möglich, können sehr wählerisch sein. Nicht jede Staude ist ein Genuss für sie. Wer sich entspannt seine Pflanzen anschauen möchte, sollte folgende Stauden wählen: 1. Schafgarben (*Achillea*) blühen in Gelb, Weiß, Rosa und Terrakotta. Die großen farbigen Blüten sind eine wichtige Bienenweide. 2. Myrten-Aster (*Aster ericoides*), die standfesten Stiele blühen in Weiß, Pink, Lila und Blau. 3. Der Kleine Frauenmantel (*Alchemilla erythropada*) hat grünlich-gelbe Blüten und eignet sich wegen seiner Größe eher für den vorderen Bereich eines Staudenbeets.

WAS IST ZU TUN?

PLAGE
Von den gehäuselosen Nacktschnecken gibt es immer zu viele, in manchen Jahren können sie eine wahre Plage sein. Schneckenfeindliche Pflanzen halten den Ärger in Grenzen.

BIO-KORN
Lieber nicht mit Schneckenkorn hantieren, diese Chemiekeule sollte in keinem Biogarten eingesetzt werden. In letzter Instanz kann ein Bioschneckenkorn verwendet werden, es kommt ohne Chemie aus.

MEIN TIPP
Kein Schädling wagt sich an die Goldruten-Sorte *Solidago cultorum*. Sie ist eine wahre Bereicherung in Staudengärten und ein unglaublicher Bienenmagnet.

AUGUST

Einige Stauden kann man überreden, nochmals zu blühen

Trickreich die Blütezeit verlängern

Mit einem rechtzeitigen Rückschnitt können verschiedene Staudenarten zu einer zweiten Blüte überredet werden. Dazu die gesamte Pflanze einfach eine Handbreit über dem Boden abschneiden, sobald die Blüten an den Stauden verwelkt sind. Bei guter Pflege dauert es je nach Pflanzenart und Witterungsbedingungen vier bis acht Wochen, bis die Stauden wieder die ersten Blüten zeigen.

WAS IST ZU TUN?

STAUDENSCHNITT
Diese Stauden sind runterzuschneiden: Rittersporn, Bunte Margerite, Kugeldistel, Feinstrahlaster, Brennende Liebe, Katzenminze, Steppen-Salbei, Trollblume, Sterndolde.

SELBSTAUSSAAT
Bei einigen Stauden ist die Selbstaussaat zu verhindern, da die Nachkommen schnell alles überwuchern können: Astilbe, Goldrute, Dreimasterblume, Jakobsleiter.

MEIN TIPP
Den Stauden etwas Dünger geben und sie gut mit Wasser versorgen, so können sie schnell wieder durchtreiben.

Notizen, Ideen & Erfolge

Gärtnern in Kübeln

Zucchini und Zinnien auf Dächern und Balkonen

Die Auswahl an Pflanzen, die für das Gärtnern infrage kommen, hat sich in den vergangenen Jahrhunderten immens vergrößert. Eigentlich ist alles möglich: Blütenstauden, Gehölze, Wildblumen, Küchenkräuter, Beerensträucher und Gemüse wie Paprika oder Kartoffeln. Da viele Pflanzen aus wärmeren Regionen kommen, sollte man sich rechtzeitig erkundigen, ob sie einen Überwinterungsplatz benötigen.

WAS IST ZU TUN?

WURZELSTORY
Flach wurzelnde Pflanzen wie Rhododendron eignen sich besser für Kübel als tief wurzelnde wie die Kletterrose. Der Platz im Kübel oder Blumenkasten ist ja begrenzt.

WÄRMEFAKTOR
Manche Pflanzen mögen's heiß (Oleander, Olive, Zitrusbäume), andere brauchen eine kühle Nacht (viele Kräuter, Hornveilchen, Vergissmeinnicht).

MEIN TIPP
Bougainvillea, Passionsblumen und Tomaten sind Dünger-Junkies – doch nicht jede Pflanze braucht so viele Nährstoffe, darunter Männertreu oder Geranien.

Notizen, Ideen & Erfolge

....

....

....

....

Wie ticken eigentlich Wespen?

Großen Appetit auf Fleisch und Süßes

Die Wespenzeit beginnt im August, wenn der Wespenstaat seine maximale Größe erreicht hat. Jetzt müssen sich die alten Wespen (*Vespiae*) nicht mehr um die Aufzucht der Brut kümmern, sodass ihnen mehr Zeit bleibt, um sich selbst mit zuckerhaltiger Nahrung zu versorgen. Nur zwei Arten von Wespen werden uns lästig: Die Deutsche Wespe (*Vespula germanica*) und die Gemeine Wespe (*Vespula vulgaris*) fliegen buchstäblich auf Wurst oder Eis sowie in Richtung zuckerhaltiger Getränke. Alle anderen Wespenarten lassen uns in Ruhe – sie interessieren sich lediglich für Insektenlarven und deren Eltern.

WAS IST ZU TUN?

DAS LOCKT AN
Gerüche, vor allem von süßen Speisen, überreifem Obst oder Schinken, lassen Wespen aufdringlich werden.

STÖRMOMENTE
Aggressiv werden sie bei heftigen Bewegungen und beim Anpusten (das Kohlendioxid im menschlichen Atem gilt als Alarmsignal).

EIWEISSSUCHE
Warum schwirren Wespen eigentlich um unsere Nahrung? Sie selbst fressen gern Zuckriges und sind zudem ständig auf der Suche nach eiweißreicher Kost, die sie für ihre Brut benötigen.

....

....

....

Und wie wird man Wespen am Pflaumenkuchen los?

Geheimtipps, die nicht funktionieren

Kann man Wespen überhaupt loswerden? Im Internet gibt es eine Menge Tipps, vom Kaffeesatzfeuer bis hin zur Wespennest-Attrappe – doch helfen sie? Zur Wespennest-Attrappe kann ich sagen, dass alle Arten, deren Nester man sieht, ob freihängend im Gebüsch oder unter dem Garagendach, zu den «friedlichen» Arten gehören, die frühzeitig wieder verschwinden. Die beiden Wespenarten, die uns im Sommer ärgern, also die Deutsche und die Gemeine Wespe, bauen ihre Nester in Erdhöhlen im Boden oder in dunklen Hohlräumen – ein aufgehängter Papierball wird sie nicht abschrecken.

WAS IST ZU TUN?

ÄTHERISCHES ÖL
Bestimmte Gerüche können Wespen nicht leiden: Ätherische Öle wie Pfefferminze oder Lavendel in einer Duftlampe oder Kerze helfen, die schwarz-gelben Plagegeister fernzuhalten.

DAS HILFT NICHT
Brennendes Kaffeepulver gilt zwar als Geheimrezept, hilft aber wenig. Wespen können geringste Duftmoleküle wahrnehmen, die freigesetzten Röstaromen stören jedoch kaum.

MEIN TIPP
Minze, Zitronenmelisse oder Lavendel in einen hübschen Blumentopf pflanzen – so hat man gleich eine schöne Tisch-Deko.

Giersch im Garten

Ein gesundes Wildgemüse

Giersch (*Aegopodium podagraria*) ist eine winterharte krautige Pflanze und kann bis zu 1 m hoch werden. Sie besitzt ein stark wucherndes Wurzelrhizom und verbreitet sich schnell. Im Kampf gegen Giersch haben so mancher Gärtner, so manche Gärtnerin aufgegeben. Jede noch so kleine verbleibende Wurzel sorgt für neue Verbreitung. Aber: Giersch kann man essen. Seit dem Mittelalter wird er als Heil- und Gemüsepflanze angebaut, frisch erinnert er im Geschmack ein wenig an Petersilie.

WAS IST ZU TUN?

VERTREIBUNG I
Die Blätter regelmäßig entfernen, dadurch hungern die Pflanzen aus. Pflanzflächen mit Mulchfolie abdecken, sodass kein Licht an den Giersch kommt.

VERTREIBUNG II
Das Kartoffelwasser mit den Schalen kochen. Mit einem Pürierstab alles zerkleinern und einige Tage stehen lassen, bis es schäumt. Dann über den Giersch gießen. Mehrmals, bis er sich zurückzieht.

MEIN TIPP
Pflanzen, die Giersch Konkurrenz machen: Frauenmantel, Purpurglöckchen, Wollziest. Überhaupt sind Stauden eine optimale Lösung.

Notizen, Ideen & Erfolge

....

....

....

Johannisbeerenpflege im Sommer

Der Erziehungsschnitt

Sträucher mit weißen und roten Johannisbeeren sollten auch im Sommer geschnitten werden, direkt nach der Ernte. Zurückgeschnitten werden alle Haupttriebe, die älter als vier bis fünf Jahre sind, und zwar auf tief ansetzende, starke Seitentriebe. Gibt es diese Seitentriebe nicht, dann bodennah abschneiden. Zusätzlich sollten die Sträucher ausgedünnt werden, das fördert eine bessere Belichtung zur Blütenknospenbildung im kommenden Jahr.

WAS IST ZU TUN?

TRIEBKULTUR
Die alten dicken Haupttriebe erkennt man daran, dass sie stark verholzt sind und eine dunklere Farbe haben.

AUSGEDIENT
Um die alten Triebe vollständig zu entfernen, schneidet man sie direkt über dem Boden an der Basis ab.

MEIN TIPP
Johannisbeeren wachsen am besten in lockerer Erde und mögen keine Staunässe. Als Flachwurzler brauchen sie aber genügend Feuchtigkeit. Für viele Früchte sollte die Erde nährstoffreich sein.

Notizen, Ideen & Erfolge

....

....

....

....

Im Frühtau zur Ernte

Gemüse sind Frühaufsteher

«Morgenstund hat Gold im Mund» – an diesem Sprichwort muss was dran sein, denn schon meine Großmutter erntete den Salat immer morgens, weil er dann knackiger war und am Tage auch blieb, selbst wenn wir ihn erst zu Mittag oder zu Abend aßen. Das gilt zum größten Teil für die gesamte Gemüseernte. So bleiben Gurken, Zucchini, Paprika, Bohnen, Erbsen und Lauch ebenfalls knackiger, wenn sie in den Morgenstunden aus dem Garten geerntet werden. Es gibt dafür auch eine Erklärung: Während des Tages verlieren Gemüsepflanzen im Beet Wasser durch Verdunsten.

WAS IST ZU TUN?

GESCHMACK
Auch Kräuter sollte man in der Frühe ernten, sie schmecken dann besonders intensiv.

ABENDSCHICHT
Einige Gemüsesorten sollten jedoch erst abends geerntet werden, da der Nitratgehalt dann geringer ist: Rucola, Spinat, Rote Beete, Radieschen, Rettich.

MEIN TIPP
Sonne und Hitze trocknen das Gemüse leicht aus, sodass Aromen oft verloren gehen. Werden die Pflanzen einen Tag vor der Ernte ausreichend gegossen, schmecken die Früchte sogar noch besser.

Gründünger auf freie Flächen säen

Die Bodenbereiniger

Alle freien und abgeernteten Flächen sollten jetzt mit einer Gründünger-Saat versehen werden. Gründung-Pflanzen fördern die Fruchtbarkeit des Gartenbodens und sorgen dafür, dass der Humusgehalt erhalten und verbessert wird. Kahler nackter Boden verliert an Fruchtbarkeit durch Wind und Wetter, die Gründung-Pflanzen halten den Boden fest. Ihre Wurzeln gehen in die Tiefe und lockern so den Boden auf. Stickstoff wird aus den Tiefen nach oben gefördert oder aus der Luft in den Boden gebracht.

WAS IST ZU TUN?

GELBSENF
Gelbsenf ist für alle Böden geeignet. Die Aussaat sollte von August bis September stattfinden. Gelbsenf erfriert im Winter und kann dann untergegraben werden.

BIENENFREUNDIN
Phacelia passt besonders bei leichten, sandigen Böden. Die Aussaat erfolgt von März bis August. Phacelia hat schöne blaue Blüten, ist insektenfreundlich und erfriert im Winter. Wird untergegraben.

MEIN TIPP
Wicken binden durch ihre Symbiose mit Knöllchenbakterien Stickstoff aus der Luft und reichern ihn im Boden an. Sie unterbinden zusätzlich die Verbreitung von Unkräutern und schützen den Boden vor Austrocknung.

Der Blumenkohl wird gelb

Bindemanöver

Das, was wir beim Blumenkohl (*Brassica oleracea var. Botrytis*) so schmackhaft finden, ist keine Frucht, sondern der gestauchte Blütenstand der Pflanze. Werden die Blätter gelb, muss man den Blumenkohl vor starker Sonneneinstrahlung schützen. An einen neuen Standort kann man ihn nicht verpflanzen, aber man kann seine Blätter oben vorsichtig zusammenbinden. Bei dieser Prozedur darauf achten, dass der Kohl nicht nass ist, sonst fängt er unter den Blättern zu faulen an.

WAS IST ZU TUN?

REIFUNG
Acht bis zwölf Wochen muss ein Blumenkohl wachsen, bis er geerntet werden kann.

TIEFSTAPLER
Blumenkohl ist im Frühjahr oder Herbst zu pflanzen. Im Sommer ist er sehr anfällig für Schädlinge. Den Kohl so tief einsetzen, dass die Erde bis zu den Keimblättern reicht.

MEIN TIPP
Der ideale Standort für Blumenkohl ist sonnig und windgeschützt. Wie alle Kohlgewächse gehört auch er zu den Starkzehrern. Daher braucht er nährstoffreichen und feuchten Boden.

Notizen, Ideen & Erfolge

....

....

....

....

Würmer an den Zwiebeln

Knollenliebhaber

Die Krabbelei an den Zwiebeln wird verursacht von der Zwiebelfliege (*Delia antiqua*). Sie wird ausgewachsen kaum mehr als 7 mm lang. Ihre Larven schädigen hauptsächlich Jungpflanzen. Sie fressen sich in die Stängel hinein, aber auch in die Zwiebeln, und wandern nach Lust und Laune weiter, zu neuen Ufern. Die Larven der zweiten und wahrscheinlich auch der dritten Generation fressen sich satt in den ausgewachsenen Zwiebeln, diese sind dann nicht mehr zu gebrauchen und schon gar nicht mehr lagerfähig. Durch den Fraß vergilben die Herzblätter der Pflanze.

WAS IST ZU TUN?

BEHANDLUNG
Eine direkte Bekämpfung ist leider nicht möglich. Betroffene Zwiebeln sollten sofort entsorgt werden, um eine Verbreitung zu verhindern.

EFFEKTIV
Zwiebeln im nächsten Jahr an einer anderen Stelle pflanzen. Eine Mischkultur mit Möhren, Kohl oder Stangenbohnen kann ich empfehlen.

MEIN TIPP
Mit Kulturschutznetzen kann die Zwiebelfliege vom Gemüse ferngehalten werden. Sie liebt nicht nur Zwiebeln, sondern auch Knoblauch und sonstige Knollengewächse.

Reinigender Efeutee

Vertreibungspolitik einmal anders

Efeu (*Hedera helix*) ist wunderschön, wenn er an Häuserwänden und Mauern emporrankt, zwar ist er giftig, dafür aber ungemein nützlich. Häufig wird die Pflanze entfernt, weil sie sich schnell ausbreitet, aber man sollte ihre positiven Eigenschaften im Blick haben: Efeublätter können nicht nur gut als natürliches Waschmittel verwendet werden, die im Efeu enthaltenen Seifenstoffe (Saponine) lassen sich auch einsetzen, um einen schädlingsabweisenden Tee herzustellen. Der ist genial bei der Behandlung der Spinnmilbe.

WAS IST ZU TUN?

BEHANDLUNG
Befallene Pflanzen regelmäßig mit dem Tee tropfnass unter und auf den Blättern besprühen, bis keine Spinnmilbe mehr zu sehen ist.

REZEPT
200 g Efeublätter in 2 l Wasser etwa 15 min leicht auskochen. Durch ein Sieb geben und auf 5 l verdünnen.

MEIN TIPP
Befallene Pflanzen nach dem Besprühen mit einer durchsichtigen Plastiktüte überziehen und so 24 Stunden stehen lassen. Das erhöht die Wirksamkeit der Aktion.

Notizen, Ideen & Erfolge

....

....

....

Augenweide Holunderbusch

Wildbeeren als Sirup, Gelee oder Saft

Ein Holunderstrauch ist in jedem Garten ein Must. Mit seinen feinen weißen Blütenständen von Mai bis Juni und den dunkelroten bis schwarzen Beeren im Spätsommer ist er ein wahrer Blickfang und ein richtiges Kraftpaket an Inhaltsstoffen. Der botanische Name des Schwarzen Holunders ist *Sambucus nigra*, und je nach Region ist er auch als Hollerbusch oder Flieder bekannt. Er wächst am liebsten im Schutz von Scheunen, nah an Bauernhöfen und in Bauerngärten. Anspruchslos, wie er ist, findet er auch auf den kargsten Böden die notwendigen Bedingungen für üppiges Wachstum.

WAS IST ZU TUN?

KOMPOST
Holunder schützt den Kompost, wenn man sein Laub auf diesem ausbreitet. Es riecht sehr intensiv, was Wühlmäuse fernhält, und auch andere Nager werden ihn nicht bewohnen.

PFERDEWEISHEIT
Sein ganz spezieller Geruch vertreibt lästige Fluginsekten. Pferde verweilen deshalb in Zeiten starker Insektenplagen besonders gerne in der Nähe von Holunderbüschen.

VOLKSGLAUBE
Nie alle Holunderbüsche aus dem Garten verbannen, denn nach altem Glauben sind sie die Wohnräume von Frau Holle. Sie ist dazu imstande, jegliches Unheil von Haus und Heim abzuwehren.

Die Tomaten wachsen ins Unendliche

Einen Kopf kürzer

Nach dem regelmäßigen Ausgeizen sollte jetzt auch das Höhenwachstum ausgebremst werden, denn manche Pflanzen meinen, sie könnten unbegrenzt in die Höhe schießen. Für ein ausgewogenes Wachstum einfach die Triebspitzen auskneifen. Die Blüten, die sich jetzt noch ausbilden würden, würden es im Garten nicht mehr schaffen auszureifen. Die Pflanzen können ihre Kraft nun nutzen, um alle vorhandenen Früchte gut auszubilden.

WAS IST ZU TUN?

AUSBRECHEN
Das Auskneifen der Seitentriebe morgens bewerkstelligen, da sind die Pflanzen prall gefüllt mit Wasser und brechen ganz leicht. In der Mittagshitze sind sie zu schlaff und biegsam.

STRAFFE FRUCHT
Tomaten feucht halten. Wöchentlich mit Brennnesseljauche gießen. Die Extraportion Kali in der Brennnesseljauche sorgt für knackige Früchte.

MEIN TIPP
Blätter und Triebe der Tomaten als Mulchmaterial zwischen den Kohl geben, das vertreibt den Kohlweißling.

Notizen, Ideen & Erfolge

....

....

....

....

Warum man keine grünen Kartoffeln essen soll

Schwerer Magen

Kartoffeln, die durch Licht grün werden, enthalten besonders viel Solanin. Das ist ein giftiger Stoff, den alle Nachtschattengewächse enthalten, also auch Tomaten und Auberginen. Jeder Mensch reagiert darauf anders, aber wie auch immer: Auf keinen Fall sollte man grüne Kartoffeln essen. Denn je grüner die Kartoffeln sind, umso höher ist der Solanin-Anteil. Auch der Verzehr von stark auskeimenden Kartoffeln ist nicht zu empfehlen. Es kommt bei einer Solanin-Vergiftung zu einem Völlegefühl, Atembeschwerden, Hypersensibilität bis hin zu Erbrechen, Ausschlägen und Halluzinationen.

WAS IST ZU TUN?

RICHTWERTE
Kartoffeln enthalten durchschnittlich 3 bis 6 mg Solanin pro 100 g in der Schale. Vergiftungserscheinungen treten bei Erwachsenen ab einer Aufnahme von etwa 200 mg auf.

GRÜNE TOMATEN
Grüne, unreife Tomaten enthalten ebenfalls Solanin, aber bei zunehmender Reife sinkt der Gehalt. Sind sie ganz rot und reif, liegt er bei null.

MEIN TIPP
Viele neue Kartoffelsorten haben einen niedrigen Solaningehalt, hier ist die Gefahr einer Vergiftung also sehr gering. Wichtig ist eine dunkle Lagerung der Kartoffeln.

Der Rasen braucht nochmals Nahrungsnachschub

Große Geschlossenheit

Wer einen schönen grünen und wildkrautfreien Rasen möchte, muss gegen die natürliche Artenvielfalt vorgehen. Rasengräser als Starkzehrer benötigen viel Stickstoff, Wildkräuter dagegen mögen es karg. Wird der Rasen gerade im Sommer nicht ausreichend mit Nährstoffen versorgt, verhungern einzelne Gräser, und es wird hier und da licht. Diese Kahlstellen werden sofort von Wildkräutern besetzt. Sollten sich einzelne gräserfreie Stellen auftun, sollte man sie unbedingt mit Rasensaat schließen.

WAS IST ZU TUN?

SAATKRAFT
Rasensaat kann per Hand gleichmäßig ausgestreut werden. Zur Saatstärke mehrere Verpackungen im Gartencenter miteinander vergleichen.

ACHTUNG
Im Sommer muss der Rasen mit Wasser versorgt werden. Lieber einmal wöchentlich reichlich, als jeden Tag ein bisschen.

MEIN TIPP
Beim Aussäen auf eine kühlere Phase warten, bei zu großer Hitze würden die Rasensamen sofort verbrennen. Der Rasen sollte auch gut durchgetrocknet sein.

Notizen, Ideen & Erfolge

....

....

....

Schafgarbe mit großer Wirkkraft

Ein schönes Federkleid

Man findet sie auf vielen Wiesen und Äckern (oder als Staude im Garten), und im Sommer stehen sie in voller Blüte: Schafgarben (*Achillea millefolium*). Sie beinhalten Unmengen von krampflösenden und entzündungshemmenden Wirkstoffen: ätherische Öle, Azulen, Eucalyptol, Gerbstoffe, Flavone, Bitterstoffe, antibiotische Substanzen. Die beste Sammelzeit ist Juni/Juli/August, denn: Sie leisten nicht nur dem Menschen, sondern auch unseren Pflanzen im Garten gute Dienste, die so mancher Heiler, so manche Heilerin noch nicht berücksichtigt.

WAS IST ZU TUN?

BEHANDLUNG
Schafgarben auspressen, den Extrakt mit Wasser verdünnen (1:10). Die Mixtur kann vorbeugend gegen Pilzerkrankungen angewandt werden.

ALTERNATIV
20 g getrocknete Pflanzen 24 Stunden in 1 l Regenwasser einweichen. Unverdünnt hilft der Tee gegen Pilze (Echter Mehltau, Monilia, Kräuselkrankheit).

MEIN TIPP
Wer selbst Schafgarbe anbauen möchte und Samen hat: diese in kleinen Töpfchen im Frühjahr vorziehen. Die Samen sind nur ein Jahr lang keimfähig, daher sollte man sie zügig verwenden.

Zierlauch bereitet Wühlmäusen Bauchschmerzen

Auf einen Ball gehen

Aufgrund ihres Zwiebelaromas sind verschiedene Arten von Zierlauch (*Allium*) hervorragende Pflanzen gegen Wühlmäuse, noch dazu sehen sie wunderschön aus. Die großen purpur-violettfarbenen Blütenbälle sind eindrucksvoll und ziehen die Blicke auf sich. Und die Wühlmäuse bekommen Bauchschmerzen, wenn sie daran knabbern. Die Versuchung, das zu tun, ist groß, doch irgendwann haben die Nager genug davon.

WAS IST ZU TUN?

ROSENSCHUTZ
Zwischen den Rosen sieht der Zierlauch einfach toll aus – und sorgt dafür, dass die Wühlmäuse nicht an den Wurzeln der Rosen nagen.

WISSENSWERT
Der kugelige Lauch aus den Steppen und Gebirgen Asiens ist eine reine Zierpflanze und kann nicht wie Schnittlauch oder Porree gegessen werden.

DURCHSTOSSEN
Ist die Blüte vorbei und der Samen reif, sterben sämtliche oberirdischen Pflanzenteile ab. Nur die Zwiebel bleibt im Erdboden.

Notizen, Ideen & Erfolge

....

....

....

Grünen Spargel selbst anbauen

Zarte Raritäten

Schon mal darüber nachgedacht, selbst Spargel (*Asparagus officinalis*) anzubauen? Vielen ist gar nicht bewusst, dass sie dies im eigenen Garten tun können und es – anders, als man gemeinhin denkt – sogar ziemlich einfach ist. Jedenfalls dann, wenn man vorgezogene kleine Pflanzen kauft. Diese lassen sich wie Salat in die Erde setzen. Hierzu müssen mindestens 30 mal 30 cm tiefe Gräben ausgehoben werden, bevor die Rhizome in Kompost einzubetten und zuzudecken sind.

WAS IST ZU TUN?

STANGEN
Jede Pflanze bringt nach etwa drei Jahren 250 g Stangengemüse. Pro Meter werden vier Pflanzen gesetzt. Zehn Jahre lang gibt es gute Erträge, dann lässt es langsam nach.

GRÜN VS. WEISS
Weißer Spargel (Bleichspargel) wächst unter der Erde, der nicht angehäufelte grüne Spargel wächst in der Sonne, also ohne Spargeldämme.

MEIN TIPP
Spargel-Rhizome werden von April bis Ende Mai gepflanzt. Vorgezogene Pflanzen in Presstöpfen können das ganze Jahr in die Erde gesetzt werden, solange der Boden es zulässt.

Notizen, Ideen & Erfolge

....

....

....

Die Kiefer lässt alle Nadeln fallen

Ein einjähriger Teufelskreis

Ähnlich wie bei einem massiven Haarausfall werfen Kiefern bei dieser Krankheit vorzeitig und umfassend ihre Nadeln ab. Eine Schütte, die durch Pilze (*Lophodermium seditiosum*) ausgelöst wird. Viele Kiefernarten (Zirbel-, Berg-, Schwarzkiefer) können infiziert werden, wobei die ersten Symptome noch unauffällig sind: gelbe Flecken auf den Nadeln. Diese werden jedoch immer größer und sehen im kommenden Frühjahr fleckig gelb- bis rotbraun aus; stark befallene Nadeln sterben ab. Auf den braunen, abgeworfenen Nadeln bildet der Pilz während des Sommers (Juni bis August) seine Fruchtkörper aus. Die im Sommer auftretenden Sporen infizieren dann die neuen Nadeln.

WAS IST ZU TUN?

BEHANDLUNG
Mit Meerrettich-Tee: 500 g zerkleinerte Blätter und Wurzeln in 1 l Wasser unter Rühren aufkochen. 30 min ziehen lassen. Abgießen und damit 1:2 verdünnt die Blätter und die Erde besprühen.

ACHTUNG
Abgefallene Nadeln sollten bis spätestens Juni entfernt werden. So kann keine Infektion von den auf dem Boden liegenden Nadeln ausgehen.

MEIN TIPP
Feuchte Standorte und zu dichte Pflanzungen sollten vermieden werden. Eine ausgewogene Nährstoff- und Wasserversorgung ist wichtig.

Wurmfarn im Garten

Gesund wedeln

Der Echte *Wurmfarn* (*Dryopteris filix-mas*) *hat ein* besonderes Merkmal, und zwar die Blätter, die im Frühjahr dem Wurzelstock entwachsen. Die jungen, spiralig aufgerollten Wurmfarnblätter sind von braunen Streuschuppen bedeckt. Ausgewachsen erreichen die dunkelgrünen, doppelt gefiederten Wedel eine Höhe von etwa 25 bis 100 cm. Ab Juni erscheinen auf ihrer Unterseite winzige Sporenkapseln. Ein Extrakt aus dem Wurmfarn wurde noch in jüngster Vergangenheit als Mittel gegen Bandwurmbefall eingesetzt; seine Karriere als Pflanzenstärkung beginnt gerade erst.

WAS IST ZU TUN?

BEHANDLUNG
1 kg frische oder 200 g getrocknete Blätter auf 10 l Wasser geben. 24 Stunden ziehen lassen, danach kurz aufkochen. Abgekühlt 1:10 verdünnt gegen Blattläuse einsetzen.

GIFTKUR
Der Wurmfarn ist leicht giftig, und das wissen auch Schnecken und Rostpilze. Bei ihnen unverdünnt auf den Boden sprühen.

MEIN TIPP
Ich sammele während des Sommers nur voll entwickelte Wedel, die man auch in Büscheln trocknen kann – als Winterspritzung mit einem Schuss Öl gegen Schild- und Blutläuse.

Auf Ringelblumen ist Verlass

Eine Pflanze für andere Pflanzen

Der wissenschaftliche Name *Calendula* bedeutet «kleiner Kalender», was daher rührt, dass die Pflanze durch das Öffnen und Schließen der Blüten den Tagesstand anzeigt: Pünktlich zum Sonnenaufgang demonstriert sie, wie die goldgelben oder orangefarbenen Blütenköpfe nur so knallen können. Die Pflanze zählt zu den Lieblingsblumen verschiedener Insekten. Honig- und Wildbienen, Hummeln und Schmetterlinge besuchen sie, ebenso Schweb- und Florfliegen. Außerdem steckt sie voller Inhaltsstoffe.

WAS IST ZU TUN?

VERJAUCHEN
1 kg Pflanzen (Blüten, Blätter, Stängel) in 10 l Regenwasser vergären. Die Jauche gebe ich verdünnt (1:10) als Dünger über die Pflanzen.

WETTERBERICHT
Bleiben die Blüten am Morgen zu, wird es wahrscheinlich regnen.

MEIN TIPP
Mit Ringelblumen lassen sich lästige Wespen fernhalten. Überhaupt sollte man sie an verschiedenen Stellen im Garten pflanzen.

Notizen, Ideen & Erfolge

....

....

....

....

Mit altem Wissen gegen Algen im Teich

Ein sensibles Ökosystem

Algen lieben Wärme und Sonnenlicht und viele Nährstoffe, dazu gehören Stickstoff und Phosphat. Gibt es eine Überdüngung im Teich, ein Übermaß an Fischfutter, zu enge Pflanzenbestände oder bleibt Laub zu lange liegen, können die Algen sich schlagartig vermehren und einen Teich zu einer unattraktiven Brühe werden lassen. Zu guter Letzt droht er umzukippen, das bedeutet ein Massensterben der Teichbewohner. Ursache sind oft auch zu viele Fische im Teich, Goldfische sorgen mit ihrem Kot dafür, dass sich die Algenblüte noch verschlimmert.

WAS IST ZU TUN?

WASSERPFLANZE
Zuerst alle erreichbaren Algen mit einem feinen Köcher aus dem Teich herausholen. Falllaub entfernen und Wasserpflanzen setzen.

ERDEN
Gedüngte Pflanzenerden sollten vermieden werden, Teichpflanzen am besten nur in nährstoffarme Erden setzen.

MEIN TIPP
Eine Feinstrumpfhose mit Gerstenstroh füllen und ins Wasser versenken. Die Gerbstoffe im Stroh hindern den Algenwuchs. Alle 14 Tage den Sack neu füllen.

Notizen, Ideen & Erfolge

....

....

....

Gefürchtete Krankheit – Clematiswelke

Ranken mit krümmungsfähigen Blattstielen

Wenn die Waldrebe oder Clematis plötzlich welkt und die Blätter fleckig werden, sollte die Pflanze umgehend bodennah abgeschnitten werden, denn es gibt keine besonderen Mittel, mit denen sich die Clematiswelke (Phoma-Krankheit) bekämpfen ließe. Gründliches Gießen hilft hier nicht weiter, sondern schädigt im schlimmsten Fall noch die Wurzeln der Pflanze. Da der Fusarium-Pilz, der verantwortlich für die Welke ist, nur die oberirdischen Pflanzenteile schädigt, stehen die Chancen gut, dass die Clematis sich im nächsten Jahr wieder erholt.

WAS IST ZU TUN?

PFLANZEN
Den Boden vor dem Pflanzen lockern, damit die Wurzeln sich gut entwickeln können; mit viel Laubhumus anreichern. Vor Konkurrenz schützen.

SCHATTIEREN
Ein Schattiernetz beugt Schäden durch die Wintersonne vor. Auf eine Bodenbearbeitung im Wurzelbereich verzichten. Das Unkraut mit Rindenmulch unterdrücken.

MEIN TIPP
Ich empfehle eine robuste Sorte wie zum Beispiel ‹Montana›. Die Blüten sind etwas kleiner, aber sie ist unverwüstlich.

Lauchmotte vorbeugen und bekämpfen

Ein braungrauer Nachtfalter im Anflug

Um der Lauchmotte (*Acrolepiopsis assectella*) vorzubeugen, können Lauch und Zwiebeln von der Pflanzung bis kurz vor der Ernte mit Gemüsefliegennetzen abgedeckt werden. Förderlich ist zudem eine Mischkultur mit Möhren, Sellerie, Petersilie, Tomaten und Dill. Ein Befall ist bereits im Frühsommer zu erkennen, wobei der Schädling bis zum Herbst aktiv ist. Das Schadbild äußert sich in hellbraunen Flecken, die durch einen Minierfraß zustande kommen. An den Blättern sind außerdem kleine eiförmige und netzartige Kokons zu entdecken.

WAS IST ZU TUN?

BEHANDLUNG
Regelmäßig die Pflanzen auf Raupen und Eier absuchen. Bereits befallene Blätter werden abgeschnitten und im Hausmüll entsorgt.

ACHTUNG
Nicht nur Gemüselauch wird von der Motte heimgesucht, auch der Schnittlauch im Kräutergarten.

MEIN TIPP
Von Juni bis September können die im Boden vorhandenen Larven der verschiedenen Generationen mit Nematoden bekämpft werden.

Notizen, Ideen & Erfolge

....

....

....

Ausbreitungsfreudiger Klee

Ein unerschrockener Klimaprofiteur

Der Horn-Sauerklee (*Oxalis corniculata*) ist ein typisches Beispiel für Pflanzen, die vom schleichenden Klimawandel profitieren. Aufgrund seiner mediterranen Herkunft ist er gut an längere Trockenperioden angepasst und breitet sich wegen der zunehmend trockenen und heißen Sommer und der milden Winter immer weiter aus. Die Pflanze verwelkt bei Trockenheit und zieht sich in ihre fleischige Pfahlwurzel zurück. Sobald das Klima dann wieder feuchter wird, treibt sie neu aus. Auch die rotbraunen Blätter sind eine Anpassung an eine starke Sonneneinstrahlung.

WAS IST ZU TUN?

ENTFERNEN
In Beeten mit leichten Böden hackt man ihn am besten vor der Blüte ab. Hat sich der Klee schon großflächig ausgebreitet, müssen die Pflanzen mitsamt Wurzeln raus.

VERSCHLEPPUNG
Vielfach wird der Sauerklee durch neu gekaufte Pflanzen in den Garten eingeschleppt. Deshalb die Oberfläche jeder Pflanze kontrollieren und eventuell den Klee rauszupfen.

MEIN TIPP
Je früher man anfängt, den Sauerklee in Schach zu halten, umso besser ist die Bekämpfung. Nach der Blüte schleudert er seine Samen in die Umgebung. Das sollte verhindert werden.

Die reifen Tomaten haben braune Flecken

Die Blütenendfäule

Es ist nun doch passiert, auf den Tomaten zeigen sich braune Flecken an den Blütenansatzstellen, die häufig leicht eingesunken und verhärtet sind. Dies ist ein Anzeichen für die Blütenendfäule. Diese entsteht durch Kalziummangel, der verschiedene Ursachen haben kann: einen dauerhaft zu trockenen Boden, oder im Boden selbst ist zu wenig Kalzium. Gerade im Kübel oder im Topf wird ein Wasser- und/oder Kalziummangel nicht verziehen.

WAS IST ZU TUN?

BEHANDLUNG
Den Boden mit Kalzium düngen und gleichmäßig bewässern. Gesteinsmehl gleich unter die Tomatenerde geben. Blätter unterhalb des ersten Fruchtstands ausbrechen.

ACHTUNG
Befinden sich in der Erde zu viele Nährsalze wie Ammonium, Kalium, Magnesium oder Natrium (etwa durch Blaukorn), so behindern diese die Kalziumaufnahme.

WISSENSWERT
Die Blütenendfäule ist nicht wirklich eine Krankheit, sondern ein Problem der Versorgung. Sie betrifft auch Zucchini und Paprika, in erster Linie aber Tomaten.

Notizen, Ideen & Erfolge

....

....

....

Mehltau an der Stachelbeere

Schadbild am Beerenanbau

Wenn die Stachelbeerernte in diesem Jahr ausgeblieben ist, kann die Ursache dafür der Amerikanische Stachelbeermehltau (*Sphaerotheka mors-uvae*) gewesen sein. Der Schlauchpilz bildet ab Mai zuerst an der Blattunterseite, später auch an der Oberseite sowie an Trieben, Stielen und Früchten mehlig weiße Pilzbeläge. Mit der Zeit verhärten sie und verfärben sich braun. Die Blätter bleiben klein und fallen vorzeitig herunter; die Pflanze wirkt deformiert und gestaucht.

WAS IST ZU TUN?

BEHANDLUNG
Der Mehltau überwintert als Geflecht an den Triebspitzen und den Knospen. Daher sollte man die befallenen Sträucher am besten jetzt um ein Drittel einkürzen.

ACHTUNG
Bei wiederholtem Auftreten der Krankheit empfehle ich Netzschwefel (gibt es im Gartenhandel). Er verhindert Infektionen durch diesen Pilz.

MEIN TIPP
Wer Stachelbeersträucher pflanzen möchte, sollte Sorten wählen, die gegen Mehltau resistent sind.

Blaue Hortensien sind nicht mehr blau

Gravierender Farbverlust

Die Blaufärbung bei Hortensien entsteht dadurch, dass die Pflanze Aluminium-Ionen aus der Erde aufnimmt. Dazu muss der Boden sauer sein, das heißt einen pH-Wert unter 4,5 aufweisen. Nur dann werden die Aluminium-Ionen gelöst und können durch die Pflanzenwurzeln aufgenommen werden. Oft wird der pH-Wert durch hartes Leitungswasser angehoben – und schon wechseln die Hortensien ihre Farbe. Das leuchtende Blau wird zu einem eher blassen Rosa.

WAS IST ZU TUN?

BEHANDLUNG
Mit Regenwasser gießen und einen Spritzer Essig hinzufügen. Niemals Essig pur auf die Pflanzen geben! In Reinform sollte er nur bei Unkraut zum Einsatz kommen.

AB IN DEN KÜBEL
Um wieder Kontrolle über den pH-Wert zu bekommen, kann man die Hortensien in Kübel pflanzen, statt die gesamte Erde auszutauschen. Das ist erfolgversprechender.

MEIN TIPP
Alaun ist das Mineral, in dem die Aluminium-Ionen enthalten sind – man kann es im Gartenfachhandel kaufen und nach Anleitung verdünnen.

Notizen, Ideen & Erfolge

Wann kann der Kürbis in die Suppe?

Klopfprobe

Ende August werden die ersten Speisekürbisse reif, bei einigen Sorten muss man sich aber noch bis September gedulden. Um die 100 Tage beträgt die Entwicklungszeit, dann verfärbt sich das Laub gelb, die Kürbisse werden nicht mehr größer und können geerntet werden. Ein weiterer guter Hinweis, wenn man nicht weiß, was auf dem eigenen Kompost wächst: Klingt das Gewächs beim Anklopfen hohl, ist man auf der sicheren Seite.

WAS IST ZU TUN?

HOLZSTIELE
Reif ist ein Kürbis auch, wenn man die Schale nicht mehr mit dem Finger einritzen kann. Die Stiele sehen nun holzartig aus.

TESTESSEN
Bei jedem Kürbis eine Geschmacksprobe machen, wenn er durch eigene Saat vermehrt wurde. Schmeckt er bitter, dann besser die Finger von ihm lassen.

MEIN TIPP
Eine vorzeitige Ernte kann vorteilhaft sein, um Frostschäden an Kürbissen zu vermeiden.

Mehr Rettich als Meer

Unschätzbarer Helfer in der Hausapotheke

Auf feuchten Weiden und Gräben braucht der Meerrettich (*Armoracia rusticana*) mit seinen tiefen Wurzeln Raum. Der winterharte Wurzelstock hat eine dickfleischige Form, er kann bis zu 50 cm lang und 4 cm dick werden. Außen ist die Wurzel hellgelb, innen weißlich. Das schlichte Reiben der Meerrettichwurzel ist bereits eine Art Therapie für die Nasennebenhöhlen, denn die ätherischen Öle steigen scharf auf und lassen Tränen und Sekretion aus den Nasenschleimhäuten fließen. Hier hat man gleich einen Doppelnutzen: Nicht nur unseren Pflanzen geht es besser, wenn wir sie mit Meerrettich versorgen, wir unterstützen auch unsere eigene Gesundheit.

WAS IST ZU TUN?

HEILKRAFT
In Meerrettich sind Kali- und Schwefelverbindungen enthalten, die wichtige Funktionen im Pflanzenstoffwechsel erfüllen.

STÄRKUNG
500 g zerkleinerte geriebene Wurzel in 1 l Wasser 15 min köcheln lassen; danach abgießen. Verdünnt auf 3 l mehrmals die Bäume ab Frühjahr tropfnass spritzen.

MEIN TIPP
Meerrettich und Rhabarber: Die Mischung ist eine perfekte Kur gegen Braunfäule an Tomaten und Kartoffeln.

Gelbe Bänder am Obstbaum

Pflücken ausdrücklich erlaubt

Auch wer keinen Garten und keine Obstbäume besitzt, kann in den Genuss von frisch geernteten Pflaumen oder Äpfeln kommen – und das völlig kostenlos. Die Aktion «Gelbes Band» funktioniert ganz einfach: Obstbaumbesitzerinnen und -besitzer können ihre Bäume durch ein gelbes Band kennzeichnen und damit signalisieren: Hier darf kostenlos und ohne Rücksprache geerntet werden.

WAS IST ZU TUN?

ALLE DÜRFEN!
Jahr für Jahr verrotten viele Tonnen Obst auf Streuobstwiesen, diese Aktion soll dafür sorgen, dass weniger Obst auf den Wiesen verdirbt.

ACHTUNG
Die Obstbäume auf Streuwiesen sind keineswegs herrenlos. In der Regel gehören sie jemandem.

MEIN TIPP
Heimisches Obst und Gemüse sind viel zu schade, um es zu verschwenden. Markieren auch Sie Ihre Bäume.

Notizen, Ideen & Erfolge

SEPTEMBER

Wolfsmilch, der Wühlmausschreck

Blätter im Kreuzmuster

Die Kreuzblättrige Wolfsmilch (*Euphorbia lathyris*) kennt man nicht umsonst auch unter dem Namen Wühlmaus-Wolfsmilch: Sie wirkt erwiesenermaßen abschreckend auf die kleinen Plagegeister und hält sie im Garten ganz natürlich auf Abstand, gerade im Rosen- oder im Nutzgarten. Ursprünglich in Asien beheimatet, ist die immergrüne Staude mittlerweile sehr weit verbreitet. Bei uns ist sie fast schon heimisch.

WAS IST ZU TUN?

NOTIZ
Die Pflanze ist nur bedingt frosthart. Am besten im Frühjahr pflanzen (schon jetzt vormerken), so hat sie Zeit, bis zum Winter gut einzuwachsen. Der empfohlene Pflanzabstand liegt bei 60 cm.

ACHTUNG
Wie alle Pflanzen aus der Familie der Wolfsmilchgewächse ist auch diese in allen Pflanzenteilen giftig, insbesondere vor dem milchigen Pflanzensaft sollte man sich schützen.

MEIN TIPP
Die Wolfsmilch ist zweijährig und erhält sich durch Selbstaussaat, jedoch ohne zu wuchern. Ausgepflanzte Exemplare sollten im Winter mit einer Schicht Reisig oder etwas Laub vor starken Frösten geschützt werden.

Notizen, Ideen & Erfolge

....

....

....

Nekrosen und Baumsterben

Die unheimliche Schleimflusskrankheit

Sie ist eine bakterielle Erkrankung verschiedener Bäume, vermehrt tritt sie an Ulmen, Pappeln, Eschen, Espen, Fruchtlosen Maulbeerbäumen und an Eichen auf. Eine Wunde an der Rinde, die durch Beschneiden, Insekten oder natürliche Risse verursacht wird, lässt Saft aus der Wunde fließen. Bakterien können diesen Saft infizieren, wodurch er die Rinde verdunkelt und verfärbt und schließlich ein schaumiges Aussehen und einen stinkenden Geruch annimmt. Dieser schleimige Fluss wird giftig für die Rinde und frisst sich in den Baum. Zusätzlich zieht der fermentierte Saft Insekten wie Fliegen, Ameisen und Maden an.

WAS IST ZU TUN?

BEHANDLUNG
Wunden mit Alkohol, Klettenöl oder einem Klettenwurzel-Auszug reinigen. Bei sofortiger und kontinuierlicher Behandlung sollte der Baum überleben.

ACHTUNG
Der überschüssige Saft sollte vom Baum abgewischt werden, um hungrige Insekten abzuhalten, weitere Bakterien zu übertragen.

AUGEN AUF
Da Kastanienbäume in vielen Regionen leiden, sind diese besonders anfällig für die Krankheit.

Notizen, Ideen & Erfolge

.....

.....

.....

Salbei ist nicht nur gut als Ersatzzahnbürste

Eine der wichtigsten Heilpflanzen

Echter Salbei ist eines jener Kulturkräuter mit heilsamen Wirkungen. Sein lateinischer Name *Salvia officinalis* leitet sich von dem Verb *salvare* ab, was «gesund sein», «heilen» oder «sich wohlfühlen» bedeutet. Die in ihm enthaltenen Bitter- und Gerbstoffe wirken antibakteriell – sowohl bei Menschen als auch bei Pflanzen. Der Lippenblütler hat auffällige vierkantige Stängel, die im unteren Bereich verholzt sind. Als Jauche, Brühe oder Tee schlägt der Salbei Schädlinge jeglicher Art in die Flucht. Oder sie kommen erst gar nicht an die Pflanze heran.

WAS IST ZU TUN?

BEHANDLUNG

Salbeitee: 10 g Blätter auf 1 l Wasser geben und mit kochendem Wasser aufgießen. 30 min ziehen lassen und 1:3 verdünnt anwenden.

HILFESTELLUNG

Der Tee eignet sich besonders gut gegen Erdraupen oder zum Angießen von Jungpflanzen, um von Quälgeistern in Ruhe gelassen zu werden.

MEIN TIPP

Salbeitee zusammen mit Eichenrinde aufkochen – damit die Lilien einsprühen, und schon knabbern die Lilienhähnchen (rote Käfer) nicht mehr an ihnen.

Meisen verschwinden immer noch in den Nistkästen

Hoteleinquartierungen

Abends sehe ich Meisen in unseren Nistkästen verschwinden. Hier schlafen sie geschützt, im Frühjahr nehmen sie die Kästen dann zur Aufzucht der Jungen an. Deshalb sollte man jetzt schon neue Nistkästen aufhängen oder die alten säubern. Es reicht aus, den Inhalt der Kästen mit einem Spachtel sorgfältig auszukratzen. Auf keinen Fall chemische Reinigungsmittel verwenden.

WAS IST ZU TUN?

KREISLAUF
Mit Nistkästen ziehen Meisen-Familien in den Garten und reduzieren in ihm ohne großen Aufwand Schädlinge aller Art.

ACHTUNG
Haben sich Haselmäuse, Garten- oder Siebenschläfer zum Winterschlaf in den Nistkästen einquartiert, schließt man sie wieder und holt den «Hausputz» im nächsten Frühjahr nach.

MEIN TIPP
Der Naturschutzbund Deutschland (NABU) bietet allen, die keine Lust haben, selbst welche zu zimmern, schöne Nistkästen zum Kauf an.

Notizen, Ideen & Erfolge

Bokashi – der Komposteimer für Innenräume

Ein geruchloser Küchenkomposter

Das Wort «Bokashi» stammt aus dem Japanischen und beschreibt einen Prozess, bei dem organisches Material fermentiert wird. Um aus Küchenabfällen innerhalb von zwei Wochen wertvollen Dünger für (Zimmer-)Pflanzen herzustellen, benötigt man einen Bokashi-Eimer. Den kann man selber bauen oder auch kaufen. Mit herkömmlichem Kompostieren hat das wenig zu tun, es ähnelt eher dem Herstellen und Vergären von Sauerkraut. Geeignet für all diejenigen, die keinen Garten haben oder keine Kompostecke haben wollen. Da der Eimer luftdicht verschlossen wird, müffelt es auch nicht unangenehm in der Wohnung.

WAS IST ZU TUN?

BAKTERIEN
Für einen guten Bio-Dünger braucht man Effektive Mikroorganismen (EM), also Mischungen aus Milchsäurebakterien. Damit wird der Biomüll besprüht.

WAS DARF REIN?
In den Bokashi-Eimer kommen gängige Garten- und Küchenabfälle, die möglichst klein geschnitten werden sollten. Nicht hinein dürfen Fleisch, große Knochen, Asche oder Papier.

MEIN TIPP
Am besten, man besitzt zwei Eimer, so kann der Biomüll in dem einen reifen, während der andere als Kompost genutzt wird.

....

....

....

Fraßgänge an der Möhre

Nacktfliegen der zweiten Generation im Anmarsch

Wenn sich ein Schädling im Möhrenbeet breitmacht, dann ist es die Möhrenfliege (*Psila rosae*), eine 5 mm lange, unbehaarte Fliege. Anfang Juni legt sie ihre Eier in den jungen Möhren ab. Einige Tage später schlüpfen Maden, die sich in die Möhren hineinfressen und braune, gut sichtbare Fraßgänge hinterlassen. Sind die Maden ausgewachsen, wandern sie in den Boden, wo sie sich verpuppen. Noch im selben Jahr gibt es so die zweite Generation Möhrenfliegen. Die betroffenen Möhren sind nur noch teilweise verwendbar. Bei starkem Befall kann ein Totalausfall der Ernte drohen.

WAS IST ZU TUN?

BEHANDLUNG
Möhrenfliegen mögen Zwiebeln und Knoblauch nicht, deshalb hilft ein Tee aus beidem (siehe 10. September), die Fliegen fernzuhalten.

ACHTUNG
Die rostbraunrote Färbung der Fraßgänge entsteht durch den Kot der Maden. Sie befallen neben Möhren auch Sellerie und Pastinaken.

MEIN TIPP
Die Eiablage durch häufiges Hacken stören. Widerstandsfähige Sorten wählen. Mit Schutznetzen abdecken (Maschenweite: 1,5 mm).

Die Tomaten werden nicht rot

Manchmal hilft einfach Warten

Vom Einpflanzen der Sämlinge bis zum Rotwerden brauchen die meisten Tomatenpflanzen ungefähr acht bis neun Wochen. Je nachdem, wie die Bedingungen im Sommer waren und ob die Pflanze ausreichend mit Wärme, Wasser und Dünger versorgt wurde, kann sich diese Zeit aber gerne auch mal um zwei bis drei Wochen verlängern. Es ist wie immer: Im Garten muss man Geduld haben.

WAS IST ZU TUN?

REIFEHAUBE
Ein kalter, verregneter Sommer oder auch ein falscher Standort lassen Tomaten kaum reifen. Im Freiland kann eine Reifehaube oder -folie Abhilfe leisten.

ACHTUNG
Damit Tomaten rot werden, müssen die Früchte bereits ihre volle Größe entwickelt haben. Ist die erreicht, dauert es nur wenige Tage, bis sich die Tomaten von Grün auf Rot färben.

MEIN TIPP
Grüne Tomaten in eine Zeitung einwickeln. So verpackt in einem möglichst warmen Raum lagern. Licht brauchen sie zum Nachreifen nicht. Nach wenigen Tagen sollten sie rot sein.

Notizen, Ideen & Erfolge

....

....

....

....

Ein neuer Apfelbaum für den Garten

Mit oder ohne Halt?

Wer einen Apfelbaum pflanzen möchte, sollte beachten: Es gibt Apfelbäume, die auf stark wachsenden Unterlagen veredelt wurden, und solche auf schwach wachsenden Unterlagen. Letztere brauchen lebenslang einen Pfahl als Stütze, da sie nur wenige flache Wurzeln haben, die kaum den nötigen Halt bieten. Besonders im September, wenn manche dieser Bäume voll mit Früchten hängen, sind sie durch die Schwerkraft in großer Gefahr, umzufallen. Der Vorteil bei diesen schwach wachsenden Baumformen ist, dass sie sehr schnell tragen und wenig Platz benötigen.

WAS IST ZU TUN?

BEHANDLUNG
Schwach wachsende Apfelbäume brauchen einen offenen Boden, eine Baumscheibe. Im Rasen gedeihen sie nur kümmerlich.

ACHTUNG
Bei einem Baum mit Pflanzscheibe ist ein tiefes Hacken oder gar Umgraben zu vermeiden. Die schwachen Wurzeln wachsen dicht unter der Oberfläche.

MEIN TIPP
Baumscheibe mit Wildkräutern und Leguminosen bepflanzen. Letztere versorgen den Apfelbaum mit Stickstoff und schattieren den Boden. Sie sind keine Konkurrenz.

Portugiesischer Kirschlorbeer mit Fallsucht

Blattaustausch zur Regeneration

Der Portugiesische Kirschlorbeer (*Prunus lusitanica*) wird in seiner Immergrünheit gern gepflanzt, auch weil er zu den problemlosen Sträuchern zählt. Hin und wieder aber werden trotz normaler Bedingungen die Blätter gelb, was eine Art «Gewandwechsel» hervorrufen kann (das trifft auch auf andere gesunde immergrüne Pflanzen zu). Dies ist oft ein natürlicher Prozess und dient der Regeneration. Die Lebensdauer der immergrünen Blätter ist begrenzt. Extreme Witterungsbedingungen können diesen Vorgang verstärken.

WAS IST ZU TUN?

BEHANDLUNG
Den Lorbeer wöchentlich gießen, wenn es über längere Zeit warm oder trocken ist. Im Herbst reicht es, wenn er einmal pro Monat gewässert wird.

ACHTUNG
Auch Staunässe und Bodenverdichtung können die Ursachen für gelbe Blätter sein. Dann die Pflanzen ausgraben, den Untergrund lockern und die Gehölze erneut einsetzen.

MEIN TIPP
Immergrüne Hecken müssen im Winter ab und zu gegossen werden, wenn es zu wenig regnet oder schneit.

Notizen, Ideen & Erfolge

Zwiebeln – helfende Knollen

Gegen Milben und Pilzkrankheiten

Zwiebeln sollten nicht nur zum Essen da sein, sie bieten auch einen effektiven ökologischen Schutz. Ein streng riechender Tee aus Zwiebeln, auch in Kombination mit Acker-Schachtelhalm oder Knoblauch, verjagt viele Unholde. Verantwortlich für diese geradezu magischen Fähigkeiten sind die vielen wertvollen Inhaltsstoffe: ätherische Öle, Vitamin C, Allicin, Asparagin, Kalziumoxalate, Carotin, Zitronensäure, Oxalsäure etc. Dank dieses Zaubertrankes strotzen meine Rosen nur so vor Gesundheit.

WAS IST ZU TUN?

VAMPIRTEE
50 g gehackte Zwiebeln kommen auf 1 l Wasser, das Ganze 20 min köcheln lassen. Mit Knoblauchtee vermischen und 1:5 verdünnt auf die Pflanzen sprühen.

ACHTUNG
Zwiebelschalen oder auch Lauch, als Tee zubereitet, halten die Möhrenfliege fern. Zweimal wöchentlich 1:10 verdünnt ausbringen.

MEIN TIPP
Eine Zwiebel hilft auch bei Wespenstichen. Dazu eine Zwiebel aufschneiden und die Stichstelle mit der frischen Schnitthälfte einreiben. Nach kurzer Zeit lässt der Schmerz nach.

Notizen, Ideen & Erfolge

Sägewespen hinterlassen Maden im Apfel

Auf Stippvisite

Die Apfelsägewespe (*Hoplocampa testudinea*) schaut im heimischen Garten gern bei den Apfelbäumen vorbei. Sie gehört zu den Blattwespen, ist 7 mm lang und erkennbar am glänzenden, schwarzbraunen Körper – zwar ohne Wespentaille, dafür mit orangebraunen Beinen. Der Besuch der Apfelbäume erfolgt nur zur Blütezeit, die Wespen werden von der weißen Farbe der Blüten angelockt. Mit ihren sägeartigen Werkzeugen ritzen sie Blütenkelche an, um dort ein Ei hineinzulegen. Jede weibliche Wespe kann so bis zu 20 Eier verteilen. Der Apfel wird durch den Fraß der Raupen geschädigt.

WAS IST ZU TUN?

WEISSTAFELN
Beleimte Weißtafeln kurz vor der Blüte in die Bäume hängen, im äußeren Kronenbereich, und zwar auf der Sonnenseite, in einer Höhe von etwa 1,80 m.

ACHTUNG
Um nicht unnötig Nützlinge zu fangen, sollten die Tafeln eine Woche nach Blühende wieder entfernt werden. Wurden keine Sägewespen gefangen, ist auch kein Schaden zu befürchten.

FALLOBST
Mit Maden versehene Früchte fallen zum Glück frühzeitig ab, so ist die Gefahr, dass man da reinbeißt, eher gering.

Spärliches Blühen und verkrüppelte Blätter

In vielen Rabatten übernehmen Dahlien das Kommando

Dahlien gehören zu den beliebtesten Pflanzen im Garten. Doch oft wird die Freude durch Krankheiten und Schädlinge getrübt. Mosaikartig grün-gelblich gefleckte Blätter zeugen davon, dass die Pflanze vom Mosaikvirus befallen wurde. Sie bleiben später klein, sind gekräuselt oder verkrüppelt, die ganze Pflanze wirkt gestaucht, bleibt im Wuchs zurück und bildet verstärkt Seitentriebe. Auch die Blüten können deformiert sein. Kranke Knollen bilden im Folgejahr wieder kranke Pflanzen. Eine Bekämpfung ist nicht möglich.

WAS IST ZU TUN?

ENTFERNEN
Alle befallenen Pflanzen sollten entsorgt werden, aber nicht auf dem Kompost, sondern im Hausmüll.

INFEKTION
Das Virus wird durch den Pflanzensaft, über Blattläuse oder durch Schnittarbeiten übertragen.

MEIN TIPP
Alle Gartengeräte, die mit den erkrankten Pflanzen in Kontakt gekommen sind, sollte man desinfizieren.

Notizen, Ideen & Erfolge

....

....

....

....

Eierschalen als Kalklieferant

Eine zusätzliche Nährstoffquelle

Eierschalen sollte man nicht wegwerfen: Oft fehlt es Pflanzen an Kalk. Eierschalen, die ja viel Kalk enthalten, sind dann die Lösung. Einfach zerkleinerte Schalen über die Erde streuen. Kräuter wie Thymian, Salbei und Lavendel freuen sich darüber! Mit 90 Prozent Kalkanteil sind Eierschalen tatsächlich ein hervorragender Kalklieferant. Aber auch die anderen 27 Mikronährstoffe der Eierschalen können sich sehen lassen. Dazu zählen Fluor, Kupfer, Eisen, Mangan, Molybdän, Phosphor, Schwefel, Zink und Silizium.

WAS IST ZU TUN?

PULVER
Rote Bete, Möhren, Bohnen und Erbsen profitieren von mehr Kalk. Damit er für die Pflanzen schnell zugänglich ist, sollten die Schalen pulverisiert werden.

ACHTUNG
An Moorbeetpflanzen wie Erika, Hortensie oder Rhododendron keine Eierschalen geben, da sie den pH-Wert anheben.

MEIN TIPP
Auch das Wasser, in dem die Eier gekocht wurden, sollte nicht in den Ausguss wandern. Der Ficus freut sich über das kalkhaltige Gießwasser.

Der richtige Umgang mit Kiwi-Pflanzen

Die Stachelbeere aus China

Kiwi-Pflanzen (*Actinidia delicosa*) sollten zwischen Juni und September geschnitten werden sowie im zeitigen Frühjahr. Im Frühjahr wird der Erziehungsschnitt vorgenommen, im Sommer kürzt man die langen Triebe ein. Kiwis blühen an den kurzen Zapfen, die sich auf mehrjährigen Seitentrieben bilden. Zum Schnitt: Zapfen stehen lassen, also von dem im vorangegangenen Sommer gebildeten Holz zwei bis drei Augen übrig lassen. Die Haupttriebe werden waagerecht am Spalier angebunden. Im Sommer sollten die Ranken dann ständig gestutzt werden – auf etwa 30 bis 40 cm Länge.

WAS IST ZU TUN?

ACHT BLÄTTER
Eine Faustregel lautet: Bis zu acht Blätter pro Jungtrieb werden stehen gelassen. An den kurzen Zapfen bilden sich im Sommer die Früchte.

FORTPFLANZUNG
Viele Kiwi-Sorten brauchen eine männliche und eine weibliche Pflanze, damit sich Früchte entwickeln können.

ERNTEVORTEIL
Durch den Schnitt lassen sich die Ernteerträge verbessern, und die Pflanze lässt sich so im Zaum halten.

Die Ruhezeit für Amaryllis beginnt

Wieder zum Blühen bringen

Ende August bis Mitte September möchte die Amaryllis (*Belladonnalilie*) ruhen, anfangs sollte man sie nur noch mäßig gießen, dann gar nicht mehr. Ebenso sollte das Düngen eingestellt werden. Im September sind auch die verwelkten Blätter abzuschneiden. Beim Kauf einer Zwiebel beachten, dass niemand sie isst, denn das Knoblauchgewächs ist sehr giftig. Am besten in Zeitungspapier wickeln und kühl lagern (nicht unbedingt im Kühlschrank!).

WAS IST ZU TUN?

ANTREIBEN
Nach der Ruhephase die Amaryllis auf ein kühles Fensterbrett stellen. Mit ein wenig Wasser das Austreiben anregen.

HAUBE
Die Zwiebel bekommt nun neue Erde und wird mit einem undurchsichtigen Topf abgedeckt, bis sich der neue Trieb zeigt. Dann darf langsam wieder normal gegossen werden.

MEIN TIPP
Staunässe lässt die Zwiebeln faulen! Rund fünf bis acht Wochen nach der Pflanzung oder dem Umtopfen kann man mit der ersten Blüte rechnen.

Notizen, Ideen & Erfolge

Die Strelitzie hat noch nie geblüht

Eine markante Erscheinung mit tropischem Aussehen

Oft heißt es, dass Strelitzien auch in der Wohnung mit weniger Licht gut gedeihen. Sicherlich, die Paradiesvogelblume, wie sie auch genannt wird, geht nicht ein, wenn sie an einem dunklen Ort steht, sie bildet dann jedoch auch keine Blüten aus. Die Pflanze sollte zumindest einen sehr hellen Standort haben, allerdings sollte es nicht unbedingt ein Südfenster sein. Die Strelitzie blüht relativ spät, der September ist auch der ideale Monat, um sich eine *Strelitzia reginae* ins Haus zu holen.

WAS IST ZU TUN?

KÖNIGINNENPLATZ
Strelitzien am besten ab Ende Mai auf den Balkon oder die Terrasse stellen. Dort sollten sie ausreichend Licht erhalten, um zum Blühen angeregt zu werden.

HITZEPROBLEM
Die Strelitzie verträgt Temperaturen über 30 Grad Celsius nicht. Sie bekommt dann braune Blätter.

DÜNGEN
Regelmäßig im Sommer mit Dünger versorgen, dann hat sie auch die Kraft für schöne Blüten. Im Winter bekommt sie keinen Dünger.

Notizen, Ideen & Erfolge

....

....

....

....

Klebrige Spitzen an den Pflanzen

Weit und breit kein Schädling zu sehen

Bei Zimmerpflanzen ist öfter mal zu beobachten, dass sie Wasser in Form von kleinen Tröpfchen über die Blattränder absondern. Diesen Vorgang nennt man Guttation, die Ausscheidung erfolgt über bestimmte Drüsenzellen. Der Hintergrund: Wenn Wasser abgegeben wird, ist das ein Symptom für eine Überwässerung. Zimmerpflanzen bilden Guttationstropfen, um einen Wasserüberschuss loszuwerden.

WAS IST ZU TUN?

STAUNÄSSE
Ist der Boden sehr feucht und wärmer als die Luft, kann es ebenfalls zu einer Guttation kommen. Dann das Gießverhalten anpassen.

ACHTUNG
Dieses Phänomen tritt oft bei Pflanzen auf, die aus den Regenwäldern stammen: Philodendron, Monstera, Dieffenbachia.

WISSENSWERT
Oft wird dann gesagt, dass die Pflanzen weinen. Aber nein, Pflanzen können nicht weinen. Sie achten nur auf ihre Transpiration.

Baumwanzen an den letzten Früchten

Keiner will sie plattmachen oder fressen

Sie essen gern dieselben Früchte wie wir – die Marmorierten Baumwanzen (*Halyomorpha halys*), auch Stinkwanzen genannt. Fühlen sie sich nämlich bedroht, versprühen sie ein unangenehm riechendes Sekret. Die Baumwanzen sind um das Jahr 2000 von Ost-Asien aus als blinde Passagiere nach Europa gekommen, leider sind sie äußerst mobil, bis zu zwei Generationen im Jahr sind möglich, das Weibchen legt im Durchschnitt 200 Eier ab.

WAS IST ZU TUN?

FEINDE
Die Wanze hat keine natürlichen Feinde, wegen ihres ekligen Sekrets machen Vögel einen großen Bogen um sie.

ACHTUNG
Es kostet einige Überwindung, aber man kann die Wanzen und ihre Larven nur absammeln. Für Menschen ist das Sekret nicht giftig.

GLOBALISIERUNG
Inzwischen mag die Wanze auch Zitrusfrüchte. Auch in unseren Gärten müssen wir uns wohl mit den Folgen der Globalisierung abfinden.

Notizen, Ideen & Erfolge

....

....

....

....

Wenn Pflanzen umziehen müssen

Standortwechsel mit Hindernissen

Grundsätzlich sollten Pflanzen erst umgesetzt werden, wenn sie sich in ihrer Ruhephase befinden. Das ist bei den meisten Pflanzen der Fall, sobald sie ihre Blätter abgeworfen haben, also im Herbst. Bei einem vorzeitigen Umpflanzen können nämlich die feinen Saugwurzeln zerstört werden, wodurch die Gewächse dann kein Wasser mehr aufnehmen können. Für die Pflanzen bedeutet das ihren vorzeitigen Tod. Manchmal muss man aber früher umpflanzen, weil im Garten ein Bauprojekt ansteht oder man bei einem Umzug einige Pflanzen mitnehmen will.

WAS IST ZU TUN?

VERDUNSTEN
Pflanzen sollten bei einem Umzug stark eingekürzt werden, um die Verdunstungsfläche gering zu halten. So bilden sie Saugwurzeln aus.

ANDOCKEN
Größere Pflanzen müssen unbedingt angepflockt werden, sodass der Wind die feinen neuen Wurzeln nicht wieder abreißt. Immer feucht halten.

MEIN TIPP
Die umgesetzten Pflanzen sollten möglichst schattiert werden. Eine direkte Sonneneinstrahlung erschwert das Anwachsen.

Herbst-Himbeeren haben nur wenige Blüten

Ein kleiner, beißender Rüsselkäfer

Der Himbeerblütenstecher (*Anthonomus rubi*) benagt den Stiel der Blütenknospe, sodass die Knospe abknickt und verwelkt. Kurz vor Blühbeginn erscheint das zirka 4 mm große, dunkelbraun bis schwarze Käferweibchen zur Eiablage, die etwa bei einer Temperatur von 18 Grad Celsius beginnt. Nach der Eiablage in der geschlossenen Knospe nagt der Käfer den Blütenstiel knapp darunter an. Nach einem kurzen Blattfraß im Spätsommer zieht sich der Jungkäfer ins Winterquartier zurück.

WAS IST ZU TUN?

KONTROLLGANG

Kurz vor Blühbeginn die Knospen kontrollieren, ob Käfer sich auf ihnen tummeln. Eine Behandlung mit Neem sorgt für eine Eindämmung des Stechers.

VERPUPPUNG

Der Blütenstecher legt seine Eier auch in den Knospen von Erdbeeren und Brombeeren ab. Die Verpuppung erfolgt in der abgestorbenen, auf den Boden gefallenen Blüte.

MEIN TIPP

Die Käfer überwintern im Laub am Boden. Regelmäßiges Absammeln der Laubreste hilft, die Ausbreitung des Käfers einzudämmen und somit einem Befall vorzubeugen.

Felsenbirne verliert frühzeitig die Blätter

Eine der schönsten Herbstfärbungen

Bei der Kupfer-Felsenbirne (*Amelanchier lamarckii*) kann es im Hochsommer zu gelben Blättern oder auch zum Blattverlust kommen. Betrachtet man diese Blätter dann genauer, sind auf der Blattfläche schwarze Pünktchen zu erkennen. Diese werden meist durch verschiedene Blattfleckenpilze verursacht. Eine hohe Feuchtigkeit fördert zusätzlich die Blattschäden beziehungsweise den Befall durch die Pilze. Überhaupt: Viele Pilzkrankheiten sind eine Folge der Witterung.

WAS IST ZU TUN?

RESISTENZEN
Kranke und abgefallene Blätter entfernen. Danach hilft eine Behandlung mit Netzschwefel, um Resistenzen zu vermeiden.

ACHTUNG
Felsenbirnen sollten keine überhöhte Stickstoffgabe bekommen. Dadurch wird das Blattgewebe weich und krankheitsanfälliger.

EIN MUST-HAVE
Die Felsenbirne glänzt mit den tausend weißen Blüten im Frühjahr und dem feurigen roten Laub im Herbst. Die Früchte sind essbar und sehr gesund.

Notizen, Ideen & Erfolge

Darf man verblühte Hortensien zurückschneiden?

Vertrocknete Blütenbälle

Rispenhortensien (*Hydrangea paniculata*) und Strauch-Hortensien (*Hydrangea aborescens*) sollten nur im zeitigen Frühjahr kurz vor dem Austrieb geschnitten werden. Im Gegensatz zu Bauern-Hortensien (*Hydrangea macrophylla*) bilden Rispenhortensien ihre Blüten nicht am zweijährigen Holz. Bei einem kräftigen Rückschnitt fällt die Blüte also nicht aus. Ich schneide die Triebe der Pflanze um ein Drittel zurück. Dafür sollte man direkt oberhalb eines Knospenpaars schneiden, dabei die äußeren Triebe etwas kürzer als die inneren. Entfernt werden außerdem Totholz und die nach innen wachsenden und sehr dünnen Triebe.

WAS IST ZU TUN?

MALERISCH
Mit Raureif überdeckte Blütenbälle sorgen im Winter für wunderschöne Kontraste. Schon deshalb würde ich Hortensien im Winter nicht abschneiden.

«PINKY WINKY»
Kleinwüchsige Hortensien wie meine Lieblingssorte «Pinky Winky» eignen sich auch für den großen Kübel (mindestens 30 l).

MEIN TIPP
Schneeball-Hortensien werden tief abgeschnitten, so bringen sie größere Blüten. Nur nicht an windigen Standorten, denn kleinere Blüten sorgen für mehr Standfestigkeit.

Pfirsiche tragen trotz Wässerns spärlich

Konsequenter Schnitt

Um regelmäßig eine gute Pfirsichernte einfahren zu können, sollte der Baum regelmäßig zurückgeschnitten werden. Das geschieht wie bei jedem Steinobstbaum unmittelbar nach der Ernte. Macht man das nicht und lässt den anspruchsvollen Pfirsichbaum (*Prunus persica*) ohne Schnitt weiterwachsen, werden die Fruchttriebe immer weniger und bilden sich nur noch im äußeren Bereich. Es müssen immer wieder neue Triebe gebildet werden können.

WAS IST ZU TUN?

TRIEBE
Gleich nach der Ernte drei Viertel der Triebe, die Früchte getragen haben, entfernen. Die übrigen werden auf drei Knospen eingekürzt. Ein lockerer Aufbau ist wichtig.

GUT ZU WISSEN
Echte Fruchttriebe müssen bleiben, sie haben runde Knospen, umgeben von flachen Blattknospen. Falsche haben keine Blattknospen. Diese bilden zwar auch Früchte, werden aber abgeworfen.

ZWERGE
Pfirsichbäume gibt es auch für den Balkon und Terrassen in Kübeln. Diese Zwergformen sind veredelt auf einer schwach wachsenden Unterlage.

Notizen, Ideen & Erfolge

....

....

....

Problemkind Zitrone

Eine harte Zeit bricht an

Langsam werden die Nächte kühler, und Zitruspflanzen sollten ins Winterquartier umziehen. Aus dem hellen sonnigen Garten gelangen sie in eher schattige Räume, die zudem meist wärmer sind als der Außenbereich. Hier ist natürlich der Blattfall vorprogrammiert. Mit der Fotosynthese klappt es am dunkleren Ort nur noch bedingt, deshalb schmeißt die Zitruspflanze einen Großteil ihrer Blätter ab, weil sie diese nicht versorgen kann.

WAS IST ZU TUN?

BEHANDLUNG
Den Zitrusbaum so hell wie möglich stellen, dabei sollte es nicht zu warm sein. So kann er eine Ruhepause einlegen und auf den nächsten Frühling warten.

ACHTUNG
Weiteren Stress können neben dem neuen Standort auch Zug oder zu viel Wasser verursachen.

MEIN TIPP
Hat der Zitrusbaum sehr viele Blätter abgeworfen, helfen oft nur ein Rückschnitt und ein hellerer Standort, um ihn schnell wieder austreiben zu lassen.

Notizen, Ideen & Erfolge

Die Königin der Nacht und ihre geheimnisvolle Blüte

Ein ganz besonderes Ereignis

Jeder hat wohl schon von ihr gehört, aber keiner weiß genau, wie die Blüte der Königin der Nacht (*Selenicereus grandiflorus*) ausschaut. Die meiste Zeit sieht die Pflanze aus wie ein gewöhnlicher Kaktus. Bis sie einmal im Jahr ihre wunderschönen Blüten öffnet – und das stets in der Nacht. Aber erst ab dem fünften Lebensjahr beginnt ihre Blütezeit. Die becherförmigen Blüten haben einen Durchmesser von 25 bis 30 cm, sind cremeweiß mit gelblichen Hüllblättern und verströmen einen schweren Vanilleduft.

WAS IST ZU TUN?

NACHTAKTIV
Wer die Pflanze blühen sehen möchte, sollte sie unbedingt auch nachts im Auge behalten – sonst verschläft man dieses Schauspiel.

TEMPERATUR
Temperaturen ab 22 Grad Celsius sind ideal. Für draußen ist die Pflanze nicht geeignet, da sie keine Temperaturen unter 15 Grad dauerhaft verträgt. Der Wurzelballen sollte konstant leicht feucht sein.

ZEITPLAN
Die Blütenöffnung folgt einem festen Zeitplan: Ab 22 Uhr beginnen sich die Knospen zu öffnen, bis sie um Mitternacht ganz offen sind. Ab drei Uhr morgens schließen sie sich wieder und verwelken.

....

....

....

Wann ist die Blumenerde zu wechseln?

Gar nicht so seltene Erden

Grundsätzlich wird die Blumenerde dann gewechselt, wenn die Zimmerpflanzen umgetopft werden. Umtopfen wird dann nötig, wenn die Wurzeln der Pflanze unterhalb oder oberhalb des Topfs hervordringen oder diese nicht mehr von allein im Topf stehen bleibt. Dazu eine ganz normale Blumenerde benutzen, keine Spezialmischungen, denn die meisten Pflanzen gedeihen in guten Blumenerden am besten.

WAS IST ZU TUN?

TOPFGRÖSSE
Zum Umtopfen einen Blumentopf nehmen, der zwei Finger breiter ist als der frühere. Vorsichtig die alte Erde von den Wurzeln entfernen.

KNOCHENHART
Bei günstigen Erden ist meist so viel Kompost enthalten, dass die Erde schnell knochenhart wird. Mit einer mittelpreisigen Erde macht man nichts verkehrt.

MEIN TIPP
Eine gute Blumenerde kann man daran erkennen, dass sie nicht verklumpt und wieder auseinanderfällt, nachdem man sie in der Hand zusammengedrückt hat.

Notizen, Ideen & Erfolge

Mit dem Zimmerhibiskus stimmt etwas nicht

Eine Königin der Tropen

Auf einmal werden die Blätter beim Zimmerhibiskus (*Hibiscus rosa-sinensis*) gelb, und er wirft seine Knospen ab. Die Ursachen dafür sind vielfältig. Natürlich können es einfach ältere und verdorrte Blätter sein, es kann jedoch auch ein Nährstoff- und Wassermangel (ausgetrockneter Wurzelballen) vorliegen. Andere mögliche Auslöser sind Spinnmilben oder Blattläuse, angezogen durch die trockene Heizungsluft, oder auch ein Virus, der die Gelbfleckenkrankheit hervorruft. Schritt für Schritt sollte man die Möglichkeiten durchgehen.

WAS IST ZU TUN?

DÜNGEN
Im Wachstum braucht der Zimmerhibiskus viel Dünger, um reichlich Knospen zu bilden. Also jede Woche Flüssigdünger geben.

RUHEPHASE
Während der Ruhephase ab Mitte Oktober kann man das Düngen einstellen, auch braucht der Hibiskus dann nicht mehr so viel Wasser.

MEIN TIPP
Bei Schädlingen wie Spinnmilben und Blattläusen den Zimmerhibiskus einmal wöchentlich mit lauwarmem Wasser abspritzen.

Kohlweißling liebt nun mal den Kohl

Nicht gern gesehen im Gemüsegarten

Der Kleine Kohlweißling (*Pieris rapae*) ist einer der häufigsten Tagfalter. Wie der Name es schon sagt, hat er einen immensen Appetit auf Kohl. Hier hilft eine Mischkultur aus Kohlgewächsen, Tomaten und Sellerie – das beugt einem Befall mit dem Kohlweißling vor, denn die stark aromatischen Pflanzen lenken die Falter von den begehrten Kohlpflanzen ab. Auch ausgelegte Kulturschutznetze helfen, die Schädlinge abzuwehren. Regelmäßig die Blattunterseiten der Kohlpflanzen kontrollieren, da die Kohlweißlinge dort ihre hellgelben Eier ablegen.

WAS IST ZU TUN?

BITTERSTOFFE
Pflanzenbrühen aus Rainfarn und Wermut sind wirksam gegen den Kohlweißling, hier vor allem die intensiven Geruchsstoffe beider Gewächse.

REZEPT
300 bis 500 g frisches oder 30 g getrocknetes Kraut in 10 l Wasser geben und 24 Stunden einweichen. Danach 20 bis 30 min köcheln lassen und durch ein Sieb gießen.

MEIN TIPP
Fertige Brühe während der Flugzeit des Kohlweißlings ausbringen, unverdünnt auf den Boden um die Pflanzen spritzen. Ausgekniffene Tomatentriebe als Mulchmaterial zwischen dem Kohl verteilen.

Rosen mit unterschiedlicher Blätteranzahl

Pflanze mit einem Wildling

Haben Edelrosen Triebe mit sieben Blättern, so handelt es sich um Wildtriebe, die unterhalb der Veredelungsstelle austreiben. Meist ist auch das Laub dieser Wildtriebe heller als bei der Edelsorte, zudem wachsen sie in eine andere Richtung, auch auffallend schneller als Edeltriebe. Die Wildtriebe sollten unbedingt entfernt werden, weil diese sonst die Edelrose verdrängen. Ihre Blüten sehen auch ganz anders aus als die der originalen Sorte.

WAS IST ZU TUN?

STAMMROSE
Wildtriebe nah am Stamm entfernen. Dazu die Triebe, die jünger als ein Jahr sind, gegen die Wuchsrichtung, also nach unten, abreißen. Ältere werden abgeschnitten.

ACHTUNG
Wird der Wildtrieb nicht gekappt, so überwächst er rasch die Edelrose – und am Ende bleibt nur noch die wilde Unterlage übrig.

MEIN TIPP
Auch bei veredelten Hochstämmen sollten alle Austriebe entfernt werden – zwei Pflanzen haben nicht Platz auf einer Unterlage.

Notizen, Ideen & Erfolge

Die Engelstrompete hat gelbe Blätter

Eine giftige Südamerikanerin

Die Engelstrompete (*Brugmansia*) ist ein Hingucker, auch vor meiner Pflanzenklinik in Kissenbrück. Sie gehört zu den Nachtschattengewächsen und ist deshalb giftig. Um die Blütenfülle genießen zu können, sollte die Engelstrompete an einem windgeschützten, sonnigen Platz ohne pralle Mittagssonne stehen. Dauerhafter Halbschatten vermindert zwar den Wasserbedarf, aber auch die Blütenfülle. Gelbe Blätter sind bei dieser Pflanze im Herbst oft natürlich, sie entstehen aber auch durch zu wenig Wasser oder zu wenig Dünger.

WAS IST ZU TUN?

STARKZEHRER
Die Pflanze ist ein Starkzehrer und braucht von März bis September zweimal die Woche einen Flüssigdünger.

GIESSEN
Die Trompeten so lange gießen, bis das Wasser unten aus dem Topf läuft; an heißen Tagen zweimal täglich. Es darf aber keine Staunässe entstehen.

MEIN TIPP
Gegossen wird mit Leitungswasser, da die Engelstrompete Kalk benötigt.

Notizen, Ideen & Erfolge

OKTOBER

Klettenwurzeltee – die Natur hilft der Natur

Eine heimische «Droge»

Jetzt können Klettenwurzeln (*Bardanae radix*) geerntet werden, sie wachsen in Wäldern und an Wegrändern. Früher wurden die Wurzeln der Pflanze geröstet, um daraus eine Art Kaffee zu machen. Heute, als Tee zubereitet, helfen sie den Pflanzen. Die Wurzeln am besten mit einem Spaten aus der Erde holen und dann zum Trocknen aufhängen. Klettenwurzeln blühen im zweiten Jahr, darum werden die Wurzeln im ersten Jahr geerntet. Das kann auch im Frühjahr geschehen, bevor die Blüte geschoben wird. Ihre Inhaltsstoffe (Fettsäuren, Phosphor-, Gerbsäure, ätherische Öle) haben antibiotisch wirkende Eigenschaften.

WAS IST ZU TUN?

INFEKTIONEN
Bäume und Sträucher mit bakteriellen Infektionen können mit dem Tee besprüht werden. Baumstämme, die an der Schleimflusskrankheit leiden, damit reinigen.

REZEPT
200 g getrocknete Wurzeln mit 1 l kaltem Wasser übergießen. 24 Stunden ziehen lassen, dann den Tee für 1 min zum Sieden bringen und abseihen. Auf 5 l verdünnen.

KEINE PANDEMIE
Klettenwurzeltee wirkt schädlingsabwehrend. Da Pflanzen mit bakteriellen Infektionen sehr geschwächt und anfällig für Schädlinge sind, können sie Infektionen auch verbreiten.

Stauden nicht zurückschneiden

Insektenhotel in vertrockneten Stängeln

Alles soll gut aussehen in unseren Gärten – und gern wird das, was vertrocknet aussieht, rasch entfernt und wandert in den Häcksler. Doch manchmal sollte man auf einen solchen Perfektionismus verzichten. Viele Nützlinge suchen die hohlen Staudenstiele auf, um in ihnen für den kommenden Winter unterzuschlüpfen. Ein nicht abgeräumtes Staudenbeet ist ein natürliches Insektenhotel.

WAS IST ZU TUN?

UNTERSCHLUPF
Stauden erst im Frühling zurückschneiden und ungehäckselt auf den Kompost geben, so können die Nützlinge noch später aus den Halmen klettern.

WINTERSCHUTZ
Für viele kälteempfindliche Stauden ist das vertrocknete Laub ein natürlicher Winterschutz.

RAUREIF
Viele vertrocknete Blütenstiele sind auch im Winter mit dem Raureif eine Schönheit.

Notizen, Ideen & Erfolge

....

....

....

....

....

Sauberkeit bei Gartenutensilien

Nicht nur sauber, sondern auch keimfrei

Pflanzstäbe und Kübel, zum Beispiel von Tomaten, sollten unbedingt mit heißem Wasser und einem Schuss Spiritus gereinigt werden. Pilzsporen wie die von der Braunfäule überdauern sonst an den Stäben und Töpfen und schlagen im nächsten Gartenjahr wieder zu. Aber auch Bakterien oder Krankheiten wie Mehltau können sich an ihnen festsetzen.

WAS IST ZU TUN?

UMDREHEN
Blumentöpfe und Kübel immer mal wieder umdrehen, unter ihnen verstecken sich, da feucht und kühl, gern Schnecken und anderes Getier.

WEICHMACHER
Kunststofftöpfe sollten im Dunkeln gelagert werden, damit sie nicht platzen und die in ihnen enthaltenen Weichmacher von der Erde aufgenommen werden.

TONTÖPFE
Nach und nach auf Tontöpfe umsteigen. Ton ist wasser- und luftdurchlässig, und die Tontöpfe geben den Gewächsen einen stabileren Stand.

Notizen, Ideen & Erfolge

Herbstdünger für den Rasen

Achtsamkeit für den grünen Teppich

Während die Kübel langsam eingemottet werden und bei den Rosen liebevoll an einen Kälteschutz gedacht wird, bleibt der Rasen meist unbeachtet. Dabei braucht er vor dem Winter noch ein wenig Zuwendung, denn strenge Kälte zehrt an ihm. Im Oktober wird er ein letztes Mal gemäht. Ein Herbstdünger versorgt die Rasengräser dann nochmals mit Kali, das macht sie frosthart und widerstandsfähiger gegen Krankheiten.

WAS IST ZU TUN?

TAUSALZ
Kali wirkt wie Tausalz in den Pflanzenzellen; je höher der Anteil, desto niedriger ist der Gefrierpunkt des Pflanzensafts.

FROSTTOLERANZ
Herbst-Rasendünger sollte einen geringen Anteil von Stickstoff besitzen, zu viel davon führt zu einer Minderung der Frosttoleranz.

MEIN TIPP
Laub und andere Pflanzenreste sollten regelmäßig von der Rasenfläche entfernt werden. Es raubt den Gräsern das Licht und hält sie feucht: beste Voraussetzungen für Pilzerkrankungen.

Dachbegrünung auf dem Vogelhaus

Pflanzschale auf dem Dach

Schön ist es natürlich, wenn das Garagendach begrünt wird, aber wir können auch klein anfangen mit dem Vogelfutterhaus. Dazu das Dach mit einem Rest Teichfolie abdecken und auf den Rand ringsum kleine Leisten aufschrauben. Eine kleine Lücke auf jeder Seite lassen, sodass das Wasser ablaufen kann. Auf diese Weise entsteht eine Art Dach-Pflanzschale. Diese jetzt mit Vlies auslegen, als Wasserspeicher, dann Substrat einfüllen und bepflanzen. Am Anfang bis zum Anwachsen regelmäßig gießen.

WAS IST ZU TUN?

VOGELGARTEN
Bepflanzt wird mit Mauerpfeffer, Sedum-Arten und Hauswurz.

LANDEPLATZ
Ein bepflanztes Dach ist ein Landeplatz für viele Insekten und schützt das Dach vor Wind und Wetter.

MEIN TIPP
Größere Vogelhäuser lassen sich auch mit verschiedenen Gräsern bepflanzen.

Notizen, Ideen & Erfolge

CO_2 einsparen mit Pflanzen

Große Bäume nehmen Treibhausgase effektiver auf

Bäume sind die perfekten Pflanzen, um Kohlendioxid aufzunehmen und zu speichern. Je schneller sie wachsen, umso mehr CO_2 wird gespeichert. Doch stirbt der Baum (oder eine andere Pflanze), wird der Sauerstoff, der produziert wurde, wieder verbraucht und das CO_2 freigesetzt. Jeder Baum, der gepflanzt wird, wirkt zwar unterstützend, kann aber keinesfalls das Klima retten, wenn weiterhin so viele fossile Brennstoffe verbraucht werden. Parallel müssen die Emissionen verringert werden.

WAS IST ZU TUN?

NEUE WEGE
Vonnöten sind alternative Verkehrs- und Transportmöglichkeiten, nachhaltige Energiequellen (Wind-, Sonnen- und Wasserkraft), ein Ausstieg aus der Massentierhaltung sowie Aufforstungen.

KLIMABÄUME
Bevorzugt Klimabäume pflanzen, sie sind besonders robust und vertragen gut Frost, Trockenheit und Hitze, zudem zeigen sie sich gegenüber Wetterextremen unempfindlich.

MEIN TIPP
Beim Einkauf auf regionale Produkte achten – in Bio-Qualität. Den Konsum tierischer Produkte einschränken. Recyclingpapier und Mehrwegflaschen verwenden.

Kübelpflanzen auf den Winter vorbereiten

Nach dem Auspacken kommt das Einpacken

Ein wirksamer Schutz, damit die Wurzeln keinen Frost bekommen, sind Materialien mit einer Isolierschicht, in denen sich die Töpfe zudem gut einpacken lassen. Dazu zählen dicke Matten (Filz, Vlies, Jute) oder Luftpolsterfolien. Da Luft Kälte schlecht leitet, bleibt die Wärme, die tagsüber von der Topferde gespeichert wird, bis weit in die Nacht erhalten. Beim Einpacken darauf achten, dass die Topföffnung frei bleibt. Ist der Topf nämlich von oben eingepackt, kann die Pflanze durch warme Phasen und Sonneneinstrahlung schneller schimmeln.

WAS IST ZU TUN?

DEKO-SCHUTZ
Töpfe mit Luftpolsterfolie einschlagen und dann mit Jute umwickeln. So sieht der Winterschutz auch noch dekorativ aus.

ACHTUNG
Auch im Herbst und im Winter gießen. Jede Woche fühlen, ob die Erde im Topf noch feucht ist. Wenn sie sich unterhalb der obersten Erdschicht trocken anfühlt, gibt man der Pflanze etwas Wasser.

MEIN TIPP
Kübelpflanzen auf kleine Platten stellen, damit der Topf keinen Kontakt zum Boden hat und überschüssiges Wasser immer abläuft. So nehmen Topf und Pflanze keinen Schaden.

Geranien zu überwintern ist nicht schwer

Einzug ins Haus

Meine Geranien werden jetzt in den Kästen und Kübeln auf zirka 20 cm zurückgeschnitten, auch wenn sie aufgrund eines milden Herbstes immer noch schön blühen. Viel Grün muss nicht an der Pflanze bleiben, denn Blätter benötigen schließlich auch Licht. Zudem sind die weicheren Blätter immer eine Einladung für Krankheiten und Schädlinge. Mit diesem Schnitt kann ich die Geranien in einem kühlen, hellen Keller oder in einem anderen frostfreien, hellen Raum überwintern.

WAS IST ZU TUN?

ALTE ERDE
Geranien bleiben den Winter über in der alten Erde, erst im Frühjahr werden die Pflanzen von ihr befreit und bekommen frische Erde.

ACHTUNG
Regelmäßig die Pflanzen kontrollieren und die hellen Triebe, die sich immer wieder bilden, zurückschneiden.

MEIN TIPP
Auch andere Sommerblumen lassen sich so gut durch den Winter bringen, wie Wandelröschen, Fuchsien oder Margeriten.

Notizen, Ideen & Erfolge

....

....

....

....

Gartenpumpen winterfest machen

Handwerker gefragt

Unbedingt daran denken, die Wasseranschlüsse im Garten winterfest zu machen. Pumpen abmontieren, leerlaufen lassen und im Keller oder in der Garage einlagern. Das Abmontieren ist auch gleichzeitig eine Möglichkeit, die Pumpen zu warten und zu reinigen. Wenn es die ersten Fröste gibt, gefriert das Wasser im Pumpengehäuse und bringt dieses zum Bersten. Eine neue Pumpe ist nicht gerade günstig.

WAS IST ZU TUN?

STÖPSEL
An jeder Pumpe ist eine kleine Ablaufschraube am unteren Gehäuse angebracht, hier kann das Wasser abgelassen werden.

WASSERHAHN
Alle Wasserhähne aufdrehen und offen stehen lassen. So werden böse Überraschungen im Frühling verhindert.

MEIN TIPP
Sämtliche Wasserleitungen im Garten sollten ebenfalls wasserfrei sein – mit Druckluft lässt sich das Wasser aus den Leitungen pusten.

Notizen, Ideen & Erfolge

....

....

....

....

....

Buchsbäume schneiden

Elektrisch oder per Hand?

Im Oktober schneide ich meine Buchsbäume. Dazu nutze ich eine manuelle Heckenschere mit Wellenschliff. Mit solch einer Schere geht die Arbeit fast von selbst – wenn sie scharf ist. Natürlich geht das auch mit einer elektrischen Heckenschere. Dabei schneide ich zwei Drittel der Triebe aus, damit der Buchsbaum seine Form behält. Wer sich nicht auf sein Augenmaß verlassen will – es gibt im Fachhandel Gitterformen-Sets, die den Buchsbaum umschließen.

WAS IST ZU TUN?

ERREGERFREI
Um diese Jahreszeit sind kaum noch Krankheitserreger unterwegs, die Schnittstellen am Buchsbaum können so gut verheilen.

AUSTRIEBE
Nach dem Schnitt sollte der Buchsbaum nicht mehr durchtreiben. Die Austriebe härten nämlich nicht mehr ab und erfrieren schnell.

MEIN TIPP
Vor dem Schnitt ein aussortiertes Bettlaken um den Buchsbaum auslegen, das erleichtert das Aufsammeln des Schnittguts.

Wintersalate aussäen

Verhungern muss man nicht

Die optimale Saatzeit für Wintersalat ist von Anfang August bis Mitte September. Aber da kann es mit Tagestemperaturen von weit über 30 Grad Celsius noch zu heiß sein. Die optimale Keimtemperatur von Wintersalat liegt bei 18 Grad, manche Sorten ziehen sogar 16 Grad vor. Noch ein Tipp: Rucola und Spinat haben oft hohe Nitratwerte, darum diese Pflanzen erst abends ernten. Die Sonne hat dafür gesorgt, dass in den Blättern Nitrat abgebaut wird.

WAS IST ZU TUN?

AB INS BEET
Wintersalate direkt ins Beet säen. Die Samen sind Lichtkeimer und müssen nur angedrückt werden. Mit Gemüsevlies abdecken. Sobald die ersten Blätter zu sehen sind, kann es wieder fort.

SPINAT
Auch Spinat lässt sich im Oktober noch gut aussäen und bald ernten.

MEIN TIPP
Vor allem schnell wachsende Salat- und Krautsorten wie Feldsalat, Rucola und Pflücksalat machen sich gut im Beet und sind schon nach kurzer Zeit für die Ernte bereit. Oder sie überleben sogar den Winter.

Notizen, Ideen & Erfolge

Sommerflieder – Fluch oder Segen?

Treffpunkt von Schmetterlingen

Oft werde ich gefragt, ob der Schmetterlingsflieder (*Buddleja davidii*) wirklich invasiv sei und ob man ihn aus unseren Gärten verbannen solle. Schmetterlingsflieder ist mit seinen länglichen Blättern und Blüten auffällig, robust und wird gerne von Schmetterlingen, Bienen, Hummeln und anderen Bestäubern besucht. Ja, er ist eine invasive Art, ein sogenannter Neophyt, der die Gesundheit unserer lokalen Ökosysteme beeinträchtigen kann. Aber es gibt Möglichkeiten, die negativen Auswirkungen abzumildern.

WAS IST ZU TUN?

BEHANDLUNG
Der Strauch lockt Schmetterlinge an, weil er reichlich Nektar liefert. Allerdings brauchen sie Wirtspflanzen, auf denen sie ihre Eier ablegen und die Raupen ernähren können.

ACHTUNG
Keine einzige Raupe frisst die Blätter des Flieders. Deshalb direkt daneben eine Pflanze setzen, die ihr als Nahrung dient. Heidelbeere, Haselnuss, Hainbuche, Sal-Weide oder Himbeere.

MEIN TIPP
Darauf achten, dass der Schmetterlingsflieder sich nicht ungebremst vermehrt. In der Wildnis darf er schon mal reduziert werden.

Apfelrosen brauchen einen Schnitt

Charmante Heckenpflanze

Die Apfelrose (*Rosa villosa*) – sie wird auch Kartoffelrose oder Hagebutte genannt – ist die perfekte Rose für Bienen & Co. Die Hagebutten sind nicht nur bei uns als Marmelade und Tee beliebt, auch die Vogelwelt liebt die Vitaminbomben. Damit sie aber gut aussieht und üppig blüht, sollte eine Apfelrosen-Hecke einmal im Jahr beschnitten werden. Für einen gleichmäßigen Wuchs empfehle ich ein Ausdünnen und Entfernen alter Triebe.

WAS IST ZU TUN?

ALTTRIEBE
Im Herbst die zwei oder drei ältesten Triebe jeder Apfelrose möglichst nah am Boden abschneiden, damit die Pflanze dort neu austreiben kann.

ACHTUNG
Die Apfelrose bildet unterirdische Ausläufer und kann sich so schnell verbreiten.

MEIN TIPP
Meine Rose ist nahezu resistent gegen Krankheiten und Schädlinge – eine Bilderbuchpflanze.

Notizen, Ideen & Erfolge

....

....

....

....

....

Schneeheide pflanzen

Polterförmige Zwergsträucher

Die Schneeheide (*Erica carnea*) ist ein beliebter Bodendecker für sonnige bis halbschattige Standorte. Zudem ist sie ein unentbehrlicher Winterblüher für alle Steingärten und natürlich für die Insektenwelt. In Kombination mit anderen Zwerggehölzen, wie zum Beispiel mit der Besenheide (*Calluna vulgaris*), Wacholder (*Juniperus*) und Rhododendron, macht sie ein gutes Bild. Aber auch zusammen mit kleinen Fichten (*Picea*) und Kiefern (*Pinus*) ist sie durchaus attraktiv. Winterheide kann sowohl in kleinen Gruppen als auch großflächig gepflanzt werden.

WAS IST ZU TUN?

WURZELBALLEN
Der Pflanzbereich sollte gut aufgelockert werden. Die Heide so tief pflanzen, dass der Wurzelballen leicht bedeckt ist.

ACHTUNG
Ein leichtes Aufreißen des Wurzelballens fördert das Anwachsen. Schneeheide sollte in den ersten zwei Wochen gut gewässert werden.

MEIN TIPP
Damit Schneeheide immer schön und dicht bleibt, ist ein leichter Rückschnitt direkt nach der Blüte alle zwei bis drei Jahre wichtig. Ansonsten ist sie sehr pflegeleicht.

Gift im Garten

Nadelbaum des Todes

Viele Pflanzen enthalten Gift und Reizstoffe, aber die wenigsten bereiten uns Probleme. Einige jedoch haben leuchtende Beeren, die Kinder (und auch Erwachsene) besser nicht essen sollten. Im Herbst sind es die roten süßen Beeren vom Taxus (Eibe), die jetzt zahlreich zu sehen sind und gerne von Vögeln gefressen werden. Der Kern dieser Beeren, nicht das Fruchtfleisch, ist sehr giftig. Er enthält Taxin, schon geringe Mengen davon führen zu Atemlähmung und Herzversagen.

WAS IST ZU TUN?

GOLDREGEN
Es ist fast unmöglich, alle Giftpflanzen aus dem Garten zu verbannen. Am kritischsten sind Eibe und Goldregen, weil ihr Gift tödlich sein kann. Kinder unbedingt vor den Gefahren warnen.

SOS
Im Notfall sofort den Hausarzt rufen und einen Teil von der giftigen Pflanze mitnehmen. Auch die Giftnotrufzentralen der einzelnen Bundesländer können helfen.

MEIN TIPP
Leider sind auch etliche Gemüsesorten teilweise giftig, darunter Rhabarber-, Kartoffel- oder auch Tomatenblätter.

Notizen, Ideen & Erfolge

....

....

....

Ernte einlagern

Kisten im Keller, in der Garage oder im Schuppen

In milden Gegenden kann man die meisten Wurzelgemüsesorten bis zum Gebrauch in der Erde belassen. Doch wenn starke Fröste drohen, sollten auch diese geerntet und eingelagert werden. Dabei sollte das Gemüse nicht zu dicht an- oder aufeinanderliegen. Feuchter Sand hilft, dass es frisch bleibt. Artischocke, Pastinake, Petersilienwurzeln, Sellerie und Steckrüben sind typische Herbstgemüsesorten, sie können meist lange im Boden bleiben.

WAS IST ZU TUN?

AUFBEWAHRUNG
Das Gemüse von Blättern befreien und in Kisten zwischen groben Sand legen. Die Kisten werden dann im frostfreien Schuppen gelagert.

ACHTUNG
Angeschlagenes oder von Wühlmäusen angefressenes Gemüse möglichst sofort verarbeiten.

MEIN TIPP
Wurzelgemüse mit einer Grabegabel ernten, hiermit ist die Gefahr geringer, dass es Schaden nimmt.

Herbstzeit ist auch Pflanzzeit

Wurzelnackte ohne Erdballen

Pflanzen mit bloßen Wurzeln nennen Fachleute wurzelnackt. Sie sind oft günstiger als Container- oder Ballenware. Da die Wurzeln ungeschützt sind, weil zwischen ihnen jegliche Erde fehlt und meist auch das Laub, sollten sie schnell eingepflanzt werden. Falls das nicht möglich ist, müssen die Pflanzen (meist Laubbäume, Rosen oder Heckenpflanzen) eingeschlagen werden! Das heißt: Im Schatten werden sie auf die Seite gelegt, die Wurzeln mit feuchter Erde abgedeckt und festgetreten. Länger als zwei Wochen sollten sie jedoch nicht liegen.

WAS IST ZU TUN?

PFLANZUNG
Das Pflanzloch sollte so tief sein, dass die Wurzeln hineinpassen, ohne dass sie knicken oder verbogen werden. Die längsten Wurzeln dürfen gerade eben den Boden berühren.

AUSRICHTUNG
Pflanze in der Mitte ausrichten, sodass die Wurzeln locker in alle Richtungen zeigen. Das Loch mit Erde auffüllen und die Pflanze ein wenig schütteln, sodass auch unter die Wurzeln Erde kommt.

MEIN TIPP
Erde gut festtreten, einen Gießrand erstellen und gut angießen. Laubgehölze sollten dann um ein Drittel zurückgeschnitten werden.

Hochstammrosen vor Frost schützen

Aufwendige Verpackungskunst

Der Winterschutz für Hochstammrosen ist aufwendig, da sich die frostempfindliche Veredlungsstelle am Kronenansatz befindet. Bei allen Hochstammrosen sollte man deshalb die gesamte Krone mit Vlies oder Jutegewebe einhüllen. Folie sollte nicht verwendet werden, denn darunter schwitzen die Pflanzen, und das fördert Fäulnis. Die Veredlungsstelle zur Sicherheit mit zusätzlichen Jutestreifen umwickeln.

WAS IST ZU TUN?

DOPPELSCHUTZ
Ein zusätzlicher Schutz vor dem Einpacken der Rose: in die Zwischenräume Nadelholzreisig stecken.

ACHTUNG
Die Hochstammrose nicht zu stark zurückschneiden, nur so weit wie nötig, um sie zu verhüllen. Der intensive Schnitt erfolgt erst im Frühjahr.

BEUGEHAFT
Früher bog man den gesamten Rosenstamm um, befestigte die Krone an der Erde und deckte sie ab. Das macht man nicht mehr, da der Stamm leicht abknickt, bei älteren Exemplaren kann er sogar abbrechen.

Notizen, Ideen & Erfolge

....

....

....

....

Sägemehl am Obstbaum und Schäden an der Rinde

Falter mit Leopardenmuster

Finden sich Bohrlöcher und Sägemehl an der Rinde unserer Obstbäume, so ist der verantwortliche Wüstling oft der Blausieb (*Zeuzera pyrina*) oder besser gesagt seine Larve. Der Blausieb ist ein Nachtfalter aus der Familie der Holzbohrer, er wird 5 bis 10 cm lang. Seine Larven sind wachsgelb mit schwarzen, borstigen Warzen. Sie befallen fast alle Laubbäume und richten auch an Obstbäumen Schäden an. Im Allgemeinen werden junge Bäume und dünne Äste bevorzugt. Nach der Verpuppung schwärmen die Falter von Juni bis August. Ihre Flügel sind weiß mit blauschwarzen Punkten.

WAS IST ZU TUN?

MOTTENBEFALL
Ein Befall mit dem Blausieb kann zum Welken und Absterben von Trieben und sogar zum Ast- oder Stammbruch führen.

RAUPENBOHRER
Die Raupen benötigen zwei, drei Jahre für ihre Entwicklung. Zum Schluss lebt die Raupe in einem 30 bis 40 cm langen und zirka 1 cm breiten Gang. Auch die Blausieb-Raupe wirft Späne und Kot aus.

MEIN TIPP
Mit Larven befallene Bäume sollten beobachtet werden. Mit einem gebogenen Draht kann versucht werden, die Larven aus den Bohrgängen herauszuholen, um sie zu beseitigen.

Dickblattgewächse gehen in den Winterschlaf

Regenscheu

Dickblattgewächse (*Crassulaceae*) sind sonnenhungrige Pflanzen, die kaum Pflege benötigen. Sogar Trockenzeiten werden ohne große Probleme überstanden. Im Herbst gehen sie in den Winterschlaf. Wichtig zu wissen: Oft leiden Dickblattgewächse, wenn der Winter verregnet ist. Kann das Wasser nicht richtig ablaufen, fangen sie schnell zu faulen an. Und dann ist es vorbei mit den schönen Sedum-Arten, mit Hauswurz, Fetthenne und Mauerpfeffer.

WAS IST ZU TUN?

GEN SÜDEN
Dickblattgewächse brauchen einen steinigen, durchlässigen Boden und eine windabgewandte Seite gen Süden oder Westen. So sind sie vor austrocknender Kälte geschützt.

DICKMAUL
Einbuchtungen an den fleischigen Blättern können auf Dickmaulrüssler hindeuten. Die Schäden am Laub sind nicht schön, aber verschmerzbar. Schlimmer ist sein Wurzelfraß im Untergrund.

MEIN TIPP
Ähnlich den Hauswurzen kann der Mauerpfeffer für die dauerhafte Bepflanzung von Töpfen, Kübeln und sonstigen Gefäßen verwendet werden.

Notizen, Ideen & Erfolge

....

....

....

Indian Summer im heimischen Garten

Da kommt Glanz in jede Hütte

Die Herbstfärbung in der Natur und im Garten ist gerade auf dem Höhepunkt. Zu Gelb- und Brauntönen mischen sich Lila, Orange, Pink und Rot. Der Herbst ist für viele Gartenfreunde eine der schönsten Jahreszeiten. Vor allem, weil der Abschied von der grünen und blühenden Fülle durch das Feuerwerk der Herbstfärbung nicht ganz so schwerfällt. Amberbaum oder Korkflügelstrauch sind die Pflanzen, die im Oktober mit ihrem herrlichen Laub weit sichtbar glänzen.

WAS IST ZU TUN?

BURNING BUSH
Der Korkflügelstrauch (*Euonymus alatus*) steht in Sachen Herbstfärbung ganz oben auf der Liste, nach dem Motto: «Auffallen um jeden Preis».

PINK LADY
Auf allen nicht zu trockenen Böden wächst der Strauch. Er blüht im Mai/Juni und besitzt an den Trieben auffällige Korkleisten. Doch erst spät im Jahr wird das Blattgrün pinkrot.

MEIN TIPP
Nicht ganz so spektakulär ist die Blasenspiere (*Physocarpus opulifolius ‹Diabolo›*). Der Zierstrauch hat dunkelrotes Laub. Ein fantastischer Kontrast zu den weißen Blüten im Sommer.

Notizen, Ideen & Erfolge

....

....

....

Leimringe gegen gefräßige Raupen

Aufbuckeln zum nächsten Blatt

Leimringe schützen jetzt Obstbäume vor Schädlingen wie dem Kleinen Frostspanner (*Operophtera brumata*). Im Herbst klettern die flugunfähigen Weibchen des Schmetterlings in die Obstbäume, um ihre Eier abzulegen. Genau der richtige Zeitpunkt zum Befestigen der Leimringe. Im Dezember werden die Leimringe wieder entfernt und im Hausmüll entsorgt. Sie verhindern, dass die kleinen Raupen, die sich durch typisches Aufbuckeln fortbewegen, die Blätter an Obstbäumen, Ahornen oder Linden bis auf das Blattgerippe kahl fressen.

WAS IST ZU TUN?

PAPIER
Weist die Rinde größere Vertiefungen auf, sollte man diese mit Papier ausstopfen. So wird verhindert, dass die Frostspanner die Leimringe unterwandern.

ACHTUNG
Sowohl Leimringe als auch Raupenleim sollten im Januar erneuert werden. Die Ringe möglichst tief anlegen, damit keine Nützlinge gefangen werden.

MEIN TIPP
Auch Baumpfähle müssen mit Leimringen versehen werden, damit die Frostspanner nicht über Umwege in die Krone gelangen. Möglichst alle Obstbäume im Garten mit einem Leimring versehen.

«Pfeffer» anbauen

Früchte in die Pfeffermühle

Der Szechuan-Pfeffer ‹Liu› (*Zanthoxylum simulans*) kann auch im eigenen Garten angebaut werden. Dabei handelt es sich um einen winterharten Strauch, dessen Blätter und Beeren sich zum Essen eignen. Das aromatisch duftende Laub und die Fruchthülle ohne Samen schmecken zitronig und scharf. Mit der Pfefferpflanze ist der Szechuan-Pfeffer nicht verwandt, eher mit Zitruspflanzen.

WAS IST ZU TUN?

FROSTBEULE
Der Pfefferstrauch mag es sonnig, kalten Winden sollte man ihn nicht aussetzen. Frisch gepflanzt ist er bei Frost mit einem Vlies zu schützen.

ERREGERLOS
Bislang sind beim Szechuan-Pfeffer keine Pflanzenkrankheiten und Schädlinge bekannt.

MEIN TIPP
Egal ob im Beet oder im Topf: Für den Pfefferstrauch ist eine gute Drainage im Boden wichtig, da er Staunässe verabscheut.

Notizen, Ideen & Erfolge

....

....

....

....

....

Baumkrebs an Obstgehölzen

Wucherungen fast überall

Einige Obstbaumsorten – darunter die Kirsche, der Pfirsich oder die Nektarine – leiden häufiger unter dem Obstbaumkrebs, einer Infektion mit einem Pustelpilz (*Neonectria ditissima*). Zu erkennen ist sie, wenn alles Laub von den Bäumen gefallen ist. Besonders anfällig sind junge Rinden, Astwinkel und Schnittwunden. Befallene Äste kümmern, die Rinde stirbt ab und reißt auf. Das Holz unter der Rindennekrose ist dunkel verfärbt. Auf den abgestorbenen Rindenpartien sind rote Fruchtkörper und/oder fahlgelbe Sporenlager sichtbar, es gibt Welke-Erscheinungen bei Blüten und Knospen sowie Blättern.

WAS IST ZU TUN?

BEHANDLUNG
Kleinere Äste werden komplett entfernt. Größere Stellen werden erst im Frühjahr bis ins gesunde Holz ausgeschnitten.

ACHTUNG
Werkzeuge, die zur Bearbeitung genutzt wurden, unbedingt mit Spiritus desinfizieren.

MEIN TIPP
Bereits im frühen Stadium kann man den Obstbaumkrebs an der deutlichen Veränderung der Rinde erkennen.

Winter-Knoblauch pflanzen

Steckzwiebeln besorgen

Will man für die Pflanzen-Apotheke oder für die Küche Knoblauch (*Allium sativum*) pflanzen, dann ist jetzt der richtige Zeitpunkt dafür. Zehen des Winter-Knoblauchs aus einer Knolle herauslösen und einpflanzen. Das bringt schöne große Knollen, wenn der Standort stimmt: Knoblauch wächst gut auf warmen und lockeren Böden in sonniger Lage. Etwas windige Lagen sind optimal, da die Knoblauchfliege (*Suillia univittata*) – der größte Feind der Knollen – diese nicht mag.

WAS IST ZU TUN?

BEHANDLUNG
Die Zehen werden mit dem Boden nach unten etwa 2 bis 3 cm tief in die Erde gesetzt, im Abstand von 10 cm – und zwar leicht schräg, um Wurzelfäulnis zu vermeiden.

ACHTUNG
Beim Winter-Knoblauch hat die Knoblauchfliege mehr Zeit, um Unheil anzurichten – es gibt hier also Schutzprobleme.

MEIN TIPP
Für Anfänger ist der Frühlingsknoblauch zu empfehlen, dessen Zehen von Mitte Februar bis Mitte April gesetzt werden und bis zum Herbst erntereife Knollen hervorbringen.

Notizen, Ideen & Erfolge

....

....

....

Der Rasenmäher darf in die wohlverdiente Ruhepause

Großer Herbstputz

Nachdem die letzten Laubblätter vom Rasen gemäht sind und im Auffangkorb landen, kann man den Mäher in die Winterpause schicken. Aber nicht ohne vorherige Pflege. Die Reinigung steht an erster Stelle. Alle Verschmutzungen (Pollen, Grasreste, Staub) sollten mit einem feuchten Tuch entfernt und der Auffangkorb ausgebürstet werden, damit das Gerät im nächsten Jahr sofort wieder startklar ist.

WAS IST ZU TUN?

MESSERSCHARF
Messerkontrolle vornehmen, denn nur scharfe Messer sorgen für den perfekten Schnitt. Dazu vorsichtig den Rasenmäher auf die Seite kippen, sonst läuft das Motoröl aus.

ÖLSTAND
Regelmäßig bei einem Motorrasenmäher auf den Ölstand achten. Über den Winter den Kraftstoff ablassen.

MEIN TIPP
Bei Akku-Rasenmähern sollte unbedingt der Akku frostfrei überwintern.

Schutz für Schmucklilien

Ein wenig Fingerspitzengefühl ist gefragt

Schmucklilien (*Agapanthus*) mit ihren hohen Blütenständen vertragen zwar ein wenig Frost (bis minus 5 Grad Celsius), trotzdem sollte man diese attraktiven Kübelpflanzen ins Winterquartier bringen. Denn ob sie im kommenden Jahr wieder blühen, hängt entscheidend davon ab, bei welcher Temperatur sie überwintern. Der Platz zum Überwintern sollte möglichst weniger als 10 Grad Celsius haben, aber viel darunter auch nicht.

WAS IST ZU TUN?

LICHTEINFLUSS
Licht spielt im Winterquartier der Schmucklilien eher eine untergeordnete Rolle. Sie blühen nur etwas früher, wenn sie hell überwintern.

ACHTUNG
Beim Umtopfen nicht zu eilig sein. Sobald die Pflanze umgetopft wird, lässt die Blüte auf sich warten. Die Kraft geht dann in die Wurzel- und Blattbildung.

WISSENSWERT
Es gibt immergrüne Arten, die im Winter ihr Laub behalten, die sommergrünen verlieren ihre Blätter. Letztere sind bedingt winterhart und können in milden Regionen sogar im Freien bleiben.

Notizen, Ideen & Erfolge

Vermehrung durch Steckhölzer

Neue Pflanzen ziehen

Steckhölzer sind eine einfache und sehr effiziente Methode, um Sträucher zu vermehren. Notwendig sind dafür weder Anzuchtgefäße noch ein Gewächshaus. So geht es: Direkt nach dem Laubfall (oder auch im Frühjahr kurz vor dem Austrieb) kann man Beerensträucher durch Steckhölzer vermehren. Dazu mehrere einjährige und gesunde Triebe aussuchen. Ein Steckholz sollte mindestens 20 cm lang sein und drei bis vier Knospen besitzen.

WAS IST ZU TUN?

STECKMETHODE
Die Steckhölzer direkt in die Erde oder in Töpfe mit nährstoffarmer Erde stecken. Darauf achten, dass zwei Augen herausschauen. Jetzt nur noch feucht halten.

ACHTUNG
Damit sich die Pflanzen gut verzweigen, müssen sie im nächsten Jahr bei etwa 10 cm eingekürzt werden. Nach drei Jahren kann man mit der ersten Ernte rechnen.

MEIN TIPP
Sind die einjährigen Triebe besonders lang, können aus einem Trieb mehrere Steckhölzer geschnitten werden.

Totholz – Zuflucht für viel Getier

Eine Idee der Gebrüder Benjes

Allerlei Schnittgut fällt nun an – wie wäre es denn mit einer Benjeshecke? Solch eine Totholzhecke besteht aus locker aufgehäuften Ästen und Zweigen. Erfunden haben sie die Brüder Hermann und Heinrich Benjes. Beide machten sich als begeisterte Naturfreunde Gedanken über die sinnvolle Nutzung von Abfällen aus dem Gehölzschnitt. Das Ergebnis: eine wertvolle lockere Anhäufung von Grünabfällen. Dieser Sichtschutz im Garten ist nicht nur kostengünstig, sondern beherbergt nach kurzer Zeit viele Insekten, Vögel und sonstige Tierchen.

WAS IST ZU TUN?

HARTHOLZ
Bei der Auswahl des Gehölzschnitts sollte man möglichst auf Hartholz zurückgreifen. Ideal sind langsam wachsende Obsthölzer, Eiche, Buche und Ähnliches.

ACHTUNG
Gehölzschnitt von austreibenden und dominanten Pflanzen wie der Brombeere sollte man nicht verarbeiten. Diese überwuchern schnell alles.

MEIN TIPP
Darauf achten, dass das verwendete Material nicht von Pflanzenkrankheiten oder Schädlingen befallen ist.

Notizen, Ideen & Erfolge

Saure Tonerden zur Pflanzenstärkung

Aus dem Handbuch der Volksmedizin

Schwefelsaure Tonerde ist in der Volksmedizin schon seit Langem bekannt. Umschläge damit lindern Schwellungen und Stauchungen. Hier geht es aber um ihre Wirkung bei pflanzlichen Schädlingen und Pilzkrankheiten. Experimente haben positive Ergebnisse bei Monilia, der Weißen Fliege, Schildläusen und Schorf an Äpfeln nachgewiesen. Schwefelsaure Tonerden sind in Drogerien erhältlich.

WAS IST ZU TUN?

BEHANDLUNG
200 g Tonerde-Pulver werden in 1 l Wasser aufgelöst und vor Gebrauch in 10 l Wasser eingerührt. Die Pflanzen werden tropfnass damit eingesprüht.

ACHTUNG
Tonerde enthält Alaun, ein Salz, das auch zu medizinischen Zwecken genutzt wird. Es ist allerdings sauer und kann zu leichten Hautirritationen führen – beim Benutzen Handschuhe tragen.

MEIN TIPP
Schwefelsaure Tonerde kann auch bei starkem Monilia-Befall verwendet werden. Hier wird in die Bäume gespritzt.

Der hungrige Australische Marienkäfer als Nützling

Wolf im Schafspelz

Die Australischen Marienkäfer (*Cryptolaemus montrouzieri*) und ihre Larven leben räuberisch und werden bei uns zur Bekämpfung von allen Woll- und Schmierlaus-Arten eingesetzt. Die nützlichen Käfer sind 4 mm groß und schwarz gefärbt mit orangefarbenem Kopf. Die Weibchen legen ihre Eier gezielt in Schmierlauskolonien oder in deren Eipakete. Wichtig für einen guten Erfolg sind Temperaturen von über 20 Grad Celsius, darum sind sie jetzt nur noch für den Wintergarten und Innenräume geeignet.

WAS IST ZU TUN?

KÄFEREINKAUF
Im Handel sind diese Nützlinge erhältlich. Da sie nicht winterhart sind, ist eine unkontrollierte Verbreitung nicht möglich.

VERWECHSLUNG
Die Larven der Marienkäfer ähneln mit ihren zahlreichen weißen Wachsfäden den Schmierläusen und können schnell verwechselt werden.

MEIN TIPP
In vielen Gärtnereien werden statt chemischer Pflanzenschutzmittel Nützlinge eingesetzt. Dies sollten wir unterstützen. Und unsere Pflanzen dort kaufen.

Notizen, Ideen & Erfolge

NOVEMBER

Wenn Zimmerpflanzen alle Blätter fallen lassen

Ausbildung einer Notblüte durch Stress

Zimmerpflanzen dürfen hin und wieder ein paar Blätter verlieren, aber wenn im Herbst übermäßig viele Blätter abfallen, heißt das, dass im Sommer nicht genügend Reservestoffe eingelagert wurden. Damit die Pflanze nicht stirbt, schmeißt sie erst einmal alle Blätter ab. Wird es noch schlimmer, bilden einige Pflanzen eine Notblüte. Die soll die Art erhalten. Bei einer Zimmerpflanze wird das aber nicht so gut funktionieren, weil die Blütensamen ja nicht durch Wind oder Tiere verstäubt werden.

WAS IST ZU TUN?

BEHANDLUNG
Vielfach reicht es, wenn Pflanzen mit Blätterfallsucht genügend Licht bekommen. Im Notfall Pflanzenleuchten benutzen.

WISSENSWERT
Kastanien, die unter großer Trockenheit und Hitze leiden oder von der Miniermotte befallen sind, schieben mit letzter Kraft noch einige frische Blätter und Blüten vor. Sie blühen sich regelrecht zu Tode.

MEIN TIPP
Eine Extraportion Kalzium im Gießwasser sorgt für eine bessere Blatthaltekraft. Gerade der Birkenfeige (*Ficus benjamini*) hilft dieser Nährstoff, um mehr Stabilität aufzubauen.

Notizen, Ideen & Erfolge

....

....

....

Mykorrhiza-Pilze vollbringen im Garten wahre Wunder

Hallo, Partnerin!

Etwa ein Drittel der in unseren Wäldern wachsenden Großpilze sind Mykorrhiza-Pilze, und rund drei Viertel aller Pflanzenarten gehen gerne eine Lebensgemeinschaft mit ihnen ein, woraus beide ihre Vorteile ziehen. Der Pilz kann keine Fotosynthese betreiben, weshalb ihm lebensnotwendige Kohlenhydrate (Zucker) fehlen. Diese beschafft er sich über die Pflanzenwurzeln. Als Dank erhält die Pflanze Wasser und Nährstoffe (Phosphor, Stickstoff) aus dem Pilzgeflecht, da es Nährstoff- und Wasservorkommen im Boden besser erschließen kann. So bekommt die Pflanze alles, was der Pilz nicht selbst zum Leben braucht.

WAS IST ZU TUN?

KONTAKT
Für eine Verbindung zwischen Pflanzen und Pilzen Mykorrhiza-Granulat nah an den Wurzeln ausbringen. Bei Neupflanzungen das Granulat in das Pflanzloch geben.

BIO PUR
Es gibt eine Menge Produkte mit Mykorrhiza-Zusätzen, und das Gute an ihnen ist: Es handelt sich dabei um biologische Mittel, die den Pflanzen im Garten nicht schaden.

MEIN TIPP
Sparsam düngen, das erhöht die Chancen einer Verbindung. Leider gibt es keine Garantie, dass Pilz und Pflanze zusammenfinden. Das hängt auch von Bodenart, Temperatur, Feuchtigkeit und Nährstoffgehalt ab.

Kornkäfer im Vogelfutter

Lichtscheues Gesindel

Kornkäfer (*Sitophilus granarius*) sind ziemlich hartnäckige Schädlinge, die wir uns oft mit dem Vogelfutter ins Haus holen. Die Rüsselkäfer sind klein (4 mm), von rotbrauner Farbe und stets zu Fuß unterwegs. Zur Vermehrung bohren die Weibchen Löcher in (Getreide-) Körner, legen dort jeweils nur ein einziges Ei hinein und verschließen das Loch anschließend wieder mit einem Sekret. Von außen ist ein befallenes Korn somit nicht erkennbar. Bis zu seiner Verpuppung bleibt der Käfer-Nachwuchs in seinem Korn.

WAS IST ZU TUN?

FUTTERENTZUG
Da Kornkäfer mehrere Monate ohne Futter auskommen, müssen Futterquellen dicht verschlossen und befallene entsorgt werden.

GUT ZU WISSEN
Kornkäfer sind zwar nicht besonders angenehm, sie sind aber nicht schädlich für Mensch und Tier. Anders als Bettwanzen oder Flöhe gehen sie weder auf das Tier über, noch beißen sie

MEIN TIPP
Immer einen kritischen Blick in die Vogelfutter-Tüte werfen und diese nicht in der Wohnung lagern.

Notizen, Ideen & Erfolge

....

....

....

Einjährige Chili-Pflanzen

Im Haus können sie überwintern

Die Chili-Ernte ist vorüber, die reifen Schoten sind getrocknet. Doch wer eine Chili-Pflanze (*Capsicum*) auf den Balkon oder ins Bett gepflanzt hat, muss sie unbedingt rechtzeitig vor Frost schützen. Dazu eine Beetpflanze ausgraben. Gut überwintert sie in einem kühlen, hellen Raum. Optimal sind dabei Temperaturen zwischen 10 und 15 Grad Celsius. Kälter als 10 Grad sollte es allerdings nie werden, dann verlieren sie ihre Blätter. Als Dankeschön trägt die Chili-Pflanze im nächsten Jahr fast doppelt so viel Früchte.

WAS IST ZU TUN?

WINTERFIT
Vor dem Transport ins Winterquartier mit Neemöl behandeln, um einem Schädlingsbefall, der während der Überwinterung häufig auftritt, entgegenzuwirken.

ACHTUNG
Bei warmer Überwinterung sind die Pflanzen anfälliger für Schädlingsbefall, auch zu wenig Licht lässt Chili-Pflanzen verkümmern. Regelmäßig auf Spinnmilben untersuchen.

MEIN TIPP
Einige Chili-Sorten können bis zu zehn Jahre alt werden. Zum Überwintern eignen sich vor allem Sorten der Gattungen *Capsicum frutescens*, *Capsicum pubescens* und *Capsicum annuum*.

Ingwer in der Küche treiben

Optisch erinnert die Pflanze an Bambus

Ingwer lässt sich gut in einem Topf auf der Fensterbank anbauen. Dafür ein frisches, pralles Rhizom mit Austriebsknospen («Augen») nehmen und es flach in einen mit Blumenerde gefüllten Pflanztopf legen, dann mit Erde bedecken. Diese anfeuchten und den Topf mit einem Einkochglas abdecken – für eine hohe Luftfeuchtigkeit. Damit die Ingwerwurzel austreibt, braucht sie einen halbschattigen Platz, der mindestens 20 Grad Celsius warm ist. Pralle Sonne verträgt sie nicht. Nach wenigen Wochen beginnt das Rhizom zu wurzeln. Wächst der Spross, sollte die junge Pflanze an einem helleren Ort stehen. Das Glas kann entfernt werden.

WAS IST ZU TUN?

GIESSEN
Die Ingwerpflanze regelmäßig mit kalkfreiem Wasser gießen. Der Wurzelballen sollte immer feucht gehalten werden. Ingwer liebt einen leicht sauren Boden.

ACHTUNG
Die Pflanze liebt es im Sommer hell und warm, im Winter braucht sie einen kühlen Platz. Frost verträgt sie nicht. Jetzt auch nicht mehr gießen, denn sie beendet ihr Wachstum.

MEIN TIPP
Die Ingwer-Ernte erfolgt im Herbst. Anhand der gelblich verfärbten Blätter ist zu erkennen, dass der Ingwer reif ist. Er kann im frischen Zustand verarbeitet werden.

Igel brauchen ein Winterquartier

Im Winter gibt es keine Würmer und Käfer zum Fressen

Ein idealer Unterschlupf für Igel besteht aus einem Haufen Totholz, Reisig und Laub. Ihr Zuhause für die Winterruhe suchen sie bei anhaltenden Bodentemperaturen um null Grad auf. Schutz gegen Kälte finden sie auch in Erdmulden und unter Hecken. Die maximale Dauer des Winterschlafs beträgt fünf bis sechs Monate. Kurze Unterbrechungen sind normal: Die Igel erwachen, bleiben im Nest und schlafen weiter. Manchmal sind sie auch für wenige Tage aktiv und verlassen ihr Heim.

WAS IST ZU TUN?

IGELHAUS

Gibt es keinen Platz für einen Totholz- oder Laubhaufen, kann auch ein Igelhaus helfen. Im Internet findet man Tipps, um selbst eines zu bauen.

ACHTUNG

Igel, die bei Kälteeinbruch leichter als 300 g sind, sollten nicht im Freien bleiben. Ihr kleiner Körper kühlt schnell aus. Ihre Winterschlaftauglichkeit liegt bei 500 bis 600 g.

MEIN TIPP

Nur in Ausnahmefällen sollten Igel in der Garage oder im Keller überwintern. Tiere, die bei Bodenfrost oder Schnee tagsüber unterwegs und krank, unterernährt oder verletzt sind, benötigen Hilfe.

Notizen, Ideen & Erfolge

....

....

....

Topinambur, eine Delikatesse aus dem 17. Jahrhundert

Erdbirne als Gemüse

In Deutschland wird Topinambur (*Helianthus tuberosus*) überwiegend in Baden und Niedersachsen angebaut. Die Pflanze gehört zu den Sonnenblumen und ist mehrjährig. Ihre Knollen können in der Form an Birnen, Ingwerknollen oder Spindeln erinnern, sie sind violett oder braun. Das Innere ist weiß. Topinambur kann man im Frühjahr pflanzen (Mitte März bis Ende April) oder im Herbst (Oktober und November). Dazu die Knollen wie Kartoffeln im Abstand von 60 mal 50 cm in die Erde legen, 5 bis 10 cm tief.

WAS IST ZU TUN?

BEHANDLUNG
Topinambur ist leicht anzubauen. Die Pflanze verträgt Temperaturen bis weit unter den Gefrierpunkt. Der Standort sollte sonnig sein, der Boden wenig kalkhaltig, humos und leicht sandig.

WUCHERUNG
Die Staude wuchert stark, kann aber den ganzen Winter über geerntet werden.

MEIN TIPP
Die frischen Knollen möglichst gleich verbrauchen. Wenig düngen, denn zu viel Stickstoff lässt die Pflanzen noch mehr wuchern.

Notizen, Ideen & Erfolge

....

....

....

Kästen und Kübel müssen nicht leer sein

Ein Gesteck einmal anders

Wie wäre es mit einer attraktiven Abwechslung: Dekorieren Sie Ihre leeren Balkonkästen mit Tannen- oder Hagebuttenzweigen und Zapfen. Dazu die Zweige in die verwurzelte Erde stecken. Kurze und lange Zweige variieren; Kiefer gibt Fülle. Der Fantasie sind keine Grenzen gesetzt. Die dekorierten Balkonkästen finden Platz im Flur, im Büro, im Eingangsbereich, auf der Terrasse oder mitten im Garten. Vielleicht sind sie auch eine Geschenkidee.

WAS IST ZU TUN?

LICHTERKETTE
Schnell ist auch mit einer Lichterkette, Schleifenband oder der einen oder anderen Weihnachtsdeko der erste Adventsschmuck fertig.

ACHTUNG
Beim Einsatz von Lichterketten darauf achten, dass diese auch für den Außenbereich zugelassen sind.

MEIN TIPP
Pflanzenkübel mit Rosen oder anderen Gewächsen lassen sich auf diese Weise verschönern.

Winterfutter für die Gartenvögel

Naturschauspiel mit Tradition

An Futterstellen lassen sich die Vögel aus nächster Nähe beobachten. Die häufigsten Körnerfresser sind Meisen, Finken und Sperlinge. Bei uns überwintern daneben auch Weichfutterfresser wie Rotkehlchen, Heckenbraunellen, Amseln, Wacholderdrosseln oder Zaunkönige. Für sie kann man Rosinen, Obst, Haferflocken und Kleie in Bodennähe anbieten. Meisen lieben ein Gemisch aus Fett und Samen, das man selbst herstellen oder als Meisenknödel kaufen kann.

WAS IST ZU TUN?

FUTTERZEIT
Wir füttern unsere Gartenvögel von November bis Ende Februar. Bei Frost oder Schnee sind immer besonders viele Vögel an der Futterstelle.

NAGERFREI
Vogelfutter am Boden kann Ratten anlocken. Möchte man dies vermeiden, kann man für Ratten nicht erreichbare Auffangteller unter den Futtersäulen anbringen.

HYGIENE
Futterhäuschen immer wieder mal mit heißem Wasser reinigen. Aus hygienischen Gründen sollten dabei Handschuhe getragen werden. Und täglich nur wenig Futter nachlegen.

Notizen, Ideen & Erfolge

Weihnachtskaktus im Blühmodus

Ein wundersames Blütenmeer

Weihnachtskakteen (*Schlumbergera x buckleyi*) gehören neben Weihnachtssternen zu den beliebtesten Zimmerpflanzen in der kalten Jahreszeit. Die Blütezeit der Kakteen ist von November bis Januar. Sie sind in den verschiedensten Farben von Weiß über Pink und Violett bis Rot erhältlich. Generell sind sie wenig anfällig für Krankheiten und Schädlinge. Einzig Schmier- und Wollläuse treten gelegentlich auf. Wirft die Schlumbergera ihre Knospen ab, ist dies nicht auf eine Krankheit, sondern auf Pflegefehler oder einen falschen Standort zurückzuführen.

WAS IST ZU TUN?

KURZE TAGE
Als Kurztagspflanze bildet der Weihnachtskaktus erst dann Knospen, wenn die Tage ab September deutlich kürzer werden und die Temperatur auf unter 23 Grad Celsius sinkt.

KNOSPEN
Ein Standort draußen oder im kühlen Schlafzimmer ist ideal, um im Herbst die Knospenbildung anzuregen.

MEIN TIPP
Damit der Kaktus wirklich blüht: In der Ruhephase (August/September) sollte bis zur Knospenbildung weniger gegossen und nicht mehr gedüngt werden. Abends keine künstliche Beleuchtung.

Hochmoore in Gefahr

Nachhaltiger Umweltschutz

Handelsübliche Moorbeeterde wird meist auf Torfbasis hergestellt, da Torf über gute Wasserbindungseigenschaften verfügt und einen sehr niedrigen pH-Wert hat. Der großflächige Torfabbau ist inzwischen aber zu einem großen Umweltproblem geworden. Für den Gartenbau werden deutschlandweit jedes Jahr mehrere Millionen Kubikmeter Torf abgebaut. Die Zerstörung der Hochmoore vernichtet ganze Lebensräume, mit denen auch wichtige Speicherstätten für Kohlenstoffdioxid (CO_2) verloren gehen. Daher empfehle ich bei der Blumenerde auf torffreie oder wenigstens torfreduzierte Produkte zurückzugreifen.

WAS IST ZU TUN?

ALTERNATIVE
Eine bewährte Rezeptur für torffreie Moorbeeterde: 3 Teile halb zersetzter Laubkompost, 2 Teile Rindenhumus, 2 Teile Sand und 0,2 Teile Rinderdung-Pellets.

RINDENKOMPOST
Darauf achten, Rindenkompost zu verwenden und keinen Mulch! Rindenmulch eignet sich für das spätere Abdecken der Pflanzstelle, sollte aber nicht Bestandteil der Erde sein.

MEIN TIPP
Unbedingt sollten Moorbeetpflanzen zweimal im Jahr mit sauer wirkendem Rhododendrondünger auf der Basis von Aluminiumsulfat, Ammoniumsulfat und Schwefel versorgt werden.

Kahnorchideen mit Stielblüten

Besonderes Schmuckstück

Die sehr schönen Cymbidium-Orchideen stellen hohe Ansprüche an ihre Umgebung. Für erfahrene Orchideen-Halter oder überzeugte Liebhaberinnen ist diese Orchidee aber auf jeden Fall eine Bereicherung. Die Dauer der Blütezeit (November bis März) wird von der Umgebungstemperatur bestimmt; 15 Grad Celsius wären perfekt. Ideal ist die Haltung in einem Wintergarten. Einige Arten verströmen einen angenehmen Duft. Die Blüten werden bis zu 13 cm groß.

WAS IST ZU TUN?

IM GARTEN
Von Mai bis September, je nach Witterung auch bis Oktober, können die Pflanzen draußen im Garten stehen. Nur direkte Sonnenstrahlung mögen Kahnorchideen nicht.

HAUSTIERE
Orchideen sind für Haustiere giftig, wenn sie diese fressen. Bereits kleinste Mengen reichen aus, um bei Katzen Erbrechen, Krämpfe und Durchfall hervorzurufen.

MEIN TIPP
Damit die Cymbidium einen Blütentrieb entwickelt, sollte man ab dem Spätsommer für wechselnde Temperaturen sorgen. Tagsüber 20 Grad Celsius, nachts 12 Grad. Sonst blüht sie nicht.

Notizen, Ideen & Erfolge

....

....

....

Wie hoch darf Nachbars Hecke sein?

Einfriedung ist Sache der Bundesländer

Die erlaubte Höhe bei einer als Sichtschutz angepflanzten Hecke beträgt genau wie ein Gartenzaun oder eine Mauer 170 bis 190 cm. Der Abstand zum Grundstück des Nachbarn muss, wenn keine andere Regelung gilt, mindestens 50 cm betragen. Je nach Bundesland kann eine Einfriedung mit einer Höhe bis zu 180 cm genehmigungsfrei sein. Es gibt die Nachbarschaftsgesetze der einzelnen Bundesländer, dort ist alles geregelt.

WAS IST ZU TUN?

MATHEMATIK
Ist der Sichtschutz höher als der genehmigungsfreie, muss der Abstand zum Nachbarsgrundstück erhöht werden: 50 cm zuzüglich dem Wert, der über 180 cm liegt.

RECHTSFOLGEN
Steht eine Hecke an der Grundstücksgrenze, darf man die abgewandte Seite nur vom Nachbargrundstück aus schneiden. Betritt man das Grundstück jedoch ohne Genehmigung, kann das rechtliche Folgen haben.

MEIN TIPP
Eine gute Nachbarschaft ist durch nichts zu ersetzen. Manchmal ist es besser, man geht einen Schritt zurück anstatt mit dem Kopf durch die Wand.

Notizen, Ideen & Erfolge

Umdenken bei Pestiziden

140 Blauwale

In Deutschland gibt es etwa 17 Millionen Haus- und Kleingärten, da gäbe es schon einen reichlich gedeckten Tisch für Insekten. Aber bis vor einigen Jahren haben 90 Prozent der Kleingärtner und 60 Prozent der Hausgärtnerinnen chemischen Pflanzenschutz ausgebracht. Eindringlicher formuliert: Jährlich verwenden deutsche Kleingärtner und Kleingärtnerinnen immer noch 7000 Tonnen Pestizide. Um sich vorstellen zu können, wie viel das ist, hilft vielleicht dieses Bild: 7000 Tonnen entsprechen einem Gesamtgewicht von 140 Blauwalen. Das ist eine ganze Menge.

WAS IST ZU TUN?

INTAKTE NATUR
Der Verzicht auf chemischen Pflanzenschutz gibt auch unseren Kindern eine Chance auf eine intakte Natur.

DIVERSITÄT
Geben wir der Artenvielfalt in unseren Hausgärten einen Ruckzugsort. Oft sind es die kleinen Dinge, die in ihrer Gesamtheit Großes bewirken.

MEIN TIPP
Ein freiwilliger Verzicht auf chemische Pflanzenschutzmittel wäre besser als ein vorgeschriebener.

Pampasgras gut durch die kalte Jahreszeit bekommen

Hübsche weiße Büschel

Das Pampasgras (*Cortaderia selloana*) gehört zu den eindrucksvollsten Ziergräsern. Damit es aber den Winter gesund übersteht, sollten einige Dinge beachtet werden. Das Gras ist nicht besonders kälteempfindlich, doch die Nässe im Winter macht ihm zu schaffen. Dringt Wasser ins Innere der Halme, schädigt der Frost die Horste. Feuchtigkeit im Herzen der Gräser lässt die ganze Pflanze eingehen.

WAS IST ZU TUN?

IM KÜBEL
Die Wurzelballen mit einer Noppenfolie und einer Jutedecke einschlagen. Den Topf am besten auf eine Styroporplatte stellen.

ACHTUNG
Pampasgras im Herbst nicht runterschneiden. Die dicken Halme laufen voll mit Wasser, und das Herz kann so schneller faulen.

MEIN TIPP
Zur Überwinterung das Gras unten fest zusammenbinden, sodass ein stabiler Schopf entsteht. So ist die Mitte gut geschützt. Zusätzlich mit Reisig und Laub abdecken.

Notizen, Ideen & Erfolge

....

....

....

....

Rote Pusteln am Gehölz

Stecknadelgroße Rindenverfärbungen

Die Rotpustelkrankheit (*Nectria cinnabarina*) wird von einem Pilz verursacht. An der Rinde treten dichte Sporenlager in Form von orangefarbenen oder blassroten Punkten hervor. Befallen werden nur geschwächte und kranke Bäume (insbesondere Ahorn). Das Wachstum des Pilzes ist vom Wassergehalt im Holz abhängig. Tritt eine Störung im Wasserhaushalt auf, sinkt also der Wassergehalt stark ab, breitet sich der Pilz rasch aus. In sehr trockenen Jahren tritt er stark auf. Ganze Äste sterben ab, aber auch auf totem Holz ist er zu finden.

WAS IST ZU TUN?

PRÄVENTION
Zur Stärkung: Wässern (kein Austrocknen, keine Staunässe), ausreichende Kaliversorgung und nicht zu viel Stickstoff. Aststummel vermeiden.

ASTWUNDEN
Astwunden sind für die Pilze *die* Eintrittspforten. Das Gewebe wird abgetötet, das Laub vertrocknet. Besonders gefährdet sind frostgeschwächte Pflanzen.

MEIN TIPP
Abgestorbene Triebe bis tief ins Holz zurückschneiden. Befallenes Holz möglichst bis ins gesunde Holz zurückschneiden und aus dem Garten entfernen.

Grauschimmel im Anmarsch

Ein Schlauchpilz, der über 230 Wirtspflanzen befällt

Pilze lassen sich von der Kälte nicht abschrecken. Der Grauschimmelpilz (*Botrytis cinerea*) ist einer der häufigsten Pilze, der vor allem geschwächte Pflanzen befällt. Ist er einmal da, wird man ihn kaum wieder los. Seine Sporen warten nur darauf, dass es feucht genug wird – und dass die Geranien in den Keller verfrachtet werden. Dem Botrytis reichen Temperaturen von etwa 3 Grad Celsius aus, um sich mit einem grauen Pilzrasen zu vermehren, die befallenen Stellen faulen ab.

WAS IST ZU TUN?

KAMPFANSAGE
Pflanzen, die ein Winterquartier beziehen, sollten einige Wochen vorher mit einem Acker-Schachtelhalm-Sud besprüht werden, damit sie widerstandsfähiger sind.

ACHTUNG
Feuchtigkeit, Überdüngung und engen Stand im Winterquartier vermeiden. Am besten die Pflanzen so hell wie möglich stellen.

MEIN TIPP
Sobald erste Anzeichen von Grauschimmel zu sehen sind: befallene und abgestorbene Pflanzenteile entfernen. Nur gesundes Gewebe darf übrig bleiben.

Notizen, Ideen & Erfolge

....

....

....

Können Pflanzen sehen?

Kein strohdummes Grünzeug

Oft werde ich gefragt, ob Pflanzen Sinne haben. Ich sage dann: «Ja, aber nicht wie wir Menschen, anders.» Pflanzen können schmecken und fühlen, sie wissen genau, wohin sie ihre Wurzeln wachsen lassen sollen. Pflanzen können hören. Spielt man ihnen Mozart vor, werden die Trauben süßer, Rammstein macht sie sauer. So ist das wohl auch mit dem Sehen. Pflanzen wachsen immer Richtung Licht und merken sofort, wenn da ein Konkurrent ist, der ihnen das Licht wegnehmen will. Alle Reserven werden mobilisiert, um schneller zu sein als die Konkurrenz.

WAS IST ZU TUN?

HORMONE

Auch ohne Nervenzellen vollbringen Pflanzen erstaunliche Leistungen. Sie produzieren Hormone, mit denen sie Sinnesreize zu ihren eigenen Organen weiterleiten.

MEHR SINNE

Pflanzen haben eine eigene Intelligenz, sie haben sogar Sinne für Magnetfelder oder Chemikalien – was uns Menschen fehlt. Sie haben also mehr als fünf Sinne.

MEIN TIPP

Pflanzen wachsen nicht nur so in der Gegend herum, sie nehmen ihre Umgebung äußerst sensibel wahr. Darum sollte man respektvoll mit ihnen umgehen, sie werden es einem danken.

Weihnachtsstern mit Kälteschock

Die Blätter sind schlaff, rollen sich ein und fallen ab

Weihnachtssterne (*Poinsettie*) kommen ab Anfang November in den Verkauf. Häufig passiert es, dass sie bald nach dem Erwerb ihre Blätter abwerfen. Warum? Oft war es der Pflanze auf dem Weg vom Gartencenter ins neue Heim einfach zu kalt. Weihnachtssterne mögen sommerliche Temperaturen. Sie lieben es auch hell, aber ein Standort dicht am Fenster, an dem die Blätter an einer kalten Scheibe anliegen, ist nicht erwünscht. Bekommt der Stern schlaffe und gelbe Blätter, denkt man im ersten Moment an Wassermangel und holt die Gießkanne. Meist ist aber das Gegenteil der Fall: Er leidet unter Staunässe.

WAS IST ZU TUN?

EINKAUF
Darauf achten, dass der Weihnachtsstern beim Kauf immer gut eingepackt wird. Auch sollte er in einem Geschäft nie draußen stehen.

GIESSEN
Nicht zu viel gießen und niemals Wasser im Untersetzer oder Übertopf stehen lassen.

MEIN TIPP
Gelegentlich ein wenig Dünger geben, so kann der Weihnachtsstern mehrere Jahre alt werden.

Notizen, Ideen & Erfolge

....

....

....

Gartengeräte mit Qualität

Handarbeit oder Schrott

Das Handwerkszeug eines Gärtners oder einer Gärtnerin kann viele Jahre alt werden, wenn es gepflegt und gut im Schuppen oder in der Garage verstaut wird. So können die Gartengeräte der Großeltern an die dritte Generation weitergegeben werden. Leider sind die heutigen Geräte oft aus Übersee und schon nach einer Gartensaison Schrott. Beim Erwerb also auf Qualität achten. Wer billig kauft, kauft oft mehrmals.

WAS IST ZU TUN?

EINÖLEN
Spaten, Schaufel und Grabegabel sollten nun eingeölt an der Wand hängen, dann rosten sie nicht so schnell. Die Holzstiele mit Leinöl bestreichen.

SCHÄRFEN
Scheren und Spaten regelmäßig schärfen, so geht die Arbeit im Frühjahr besser von der Hand.

MEIN TIPP
Gartengeräte bekommt man oft preisgünstig aus zweiter Hand. Häufig sind das welche, die es so gar nicht mehr zu kaufen gibt.

Exotik fürs Zimmer – Bromelien

Kräftige Farbtupfer

Zu den bekanntesten Bromeliengewächsen (*Bromeliaceae*) gehören die Guzmania mit ihren intensiv leuchtenden Hochblättern und die Vriesea, ihr Blütenstand schraubt sich wie ein Schwert aus den Blättern heraus. Im Gartencenter wird jetzt eine Fülle an Variationen angeboten. Da diese Pflanzen aus den südamerikanischen Urwäldern stammen, fühlen sie sich nur wohl, wenn es feucht und über 18 Grad Celsius warm ist. Viel Licht, jedoch ohne Sonne, brauchen sie für ihre tollen Blattfarben.

WAS IST ZU TUN?

BLATTROSETTE
Die Bromelie muss von oben gegossen werden, auf die Blattrosette. So fließt das Wasser in die Trichter. Während die Blatttrichter im Sommer immer mit Wasser befüllt sein sollten, sollte es jetzt weniger sein.

KINDEL
Die Hochblätter der Bromelie sind monatelang attraktiv. In dieser Zeit bildet sie Kindel. Die Mutterpflanze selbst stirbt ab. Die Kindel kann man abschneiden und in einen Topf mit Erde pflanzen.

MEIN TIPP
Zur Blütenförderung kann man kleine Apfelstücke in die Blatttrichter der Bromelie legen und mit transparenter Folie überziehen. Die Früchte verströmen das Reifegas Ethylen, das die Blütenbildung unterstützt.

Nicht alles Brennholz verfeuern

Bastelstunde für die Wildbienen

Um eine Nisthilfe für Wildbienen zu bauen, muss man kein Handwerker sein. Alte Weidepfähle oder Buchenstämme reichen, dazu eine Bohrmaschine mit einigen Bohrern. Wichtig ist, Hartholz zu benutzen und kein harziges Weichholz (Tanne, Lärche, Weide). Das Harz gefährdet die empfindlichen Flügel der Insekten. Vorteilhaft sind Bohrungen ins Längsholz anstelle ins Hirnholz von Baumscheiben, so wird die Rissbildung vermindert. Die Gänge sollten 3 bis 10 mm Durchmesser haben.

WAS IST ZU TUN?

HOLZBAU
Viele Bienen- und Wespenarten leben in Holzlöchern (verlassene Käferfraßgänge). Diesen Arten kann man leicht Nisthilfen bauen und anbieten.

RISSE
Für Nisthilfen wird oft frisches, nicht abgelagertes Holz verwendet, und die Bohrungen werden zu dicht gesetzt. So entstehen Risse, die von Wildbienen gemieden werden.

MEIN TIPP
Den Bohrer immer ganz reinbohren, aber darauf achten, dass nicht durchgebohrt wird. Je unterschiedlicher die Lochweiten, desto mehr verschiedene Bienenarten können angelockt werden.

Notizen, Ideen & Erfolge

....

....

....

Retropflanze Clivia

Schwerter als Blätter und Glocken als Blüten

Die Clivia (*Clivia miniata*), häufig auch Riemenblatt genannt, gehört zu den Amaryllis-Gewächsen und wird oft als blühfaul bezeichnet. Sie ist ein Frühblüher und öffnet ihre orangefarbenen bis roten Blüten von Februar bis Mai. Pflanzenfreunde beklagen sich oft bei mir, dass ihre Clivia nicht blüht. Die mögliche Ursache: Sie benötigt einen Kältereiz, um Blüten auszubilden. Ab November unbedingt eine zweimonatige Ruhezeit einhalten, bei der die Pflanze kühlen Temperaturen zwischen 10 und 12 Grad Celsius ausgesetzt ist.

WAS IST ZU TUN?

NACHTFROST
Steht die Clivia bis zu den ersten drohenden Nachtfrösten geschützt auf der Terrasse, reicht das oft für die Blütenbildung aus.

ACHTUNG
Alle Teile der Pflanze sind für Mensch und Tier giftig. Die Clivia enthält Alkaloide, die bei Verzehr zu Übelkeit, Erbrechen und Schweißausbrüchen führen.

MEIN TIPP
Das Riemenblatt ist kaum krankheitsanfällig. Auch von ernsthaften Problemen mit Schädlingen ist mir nichts bekannt. Eine perfekte Pflanze auch für die Sommer- und Herbstterrasse.

Spiritus und Alkohol als perfekte Hausmittel

Zimmerpflanzen in Not

In der dunkleren Jahreszeit leiden Zimmerpflanzen oft unter Schädlingen, egal ob Schildlaus, Schmierlaus oder Thripse, die an ihren Reserven saugen. Werden die Plagegeister zufällig entdeckt, muss schnell Abhilfe geschaffen werden. Ein recht zuverlässiges Hausmittel ist unter anderem Spiritus. In Kombination mit Wasser und Schmierseife macht es den Saugern schnell den Garaus.

WAS IST ZU TUN?

BEHANDLUNG
1 l Wasser mit jeweils 20 ml Spiritus und einem Spritzer Spülmittel vermischen. Unempfindliche Pflanzen können mit der Mixtur besprüht werden.

ACHTUNG
Es gibt Pflanzen, die auf diese Mischung empfindlich reagieren, etwa Orchideen. Sie kann man vorsichtig mit der Mixtur einpinseln.

MEIN TIPP
Sollte kein Spiritus vorhanden sein, funktioniert es auch mit Alkohol.

Notizen, Ideen & Erfolge

....

....

....

....

....

Winterharte Palmen

Erinnerungen an den letzten Strandurlaub

Tatsächlich gibt es winterharte Palmen. Eine davon ist die Chinesische Hanfpalme (*Trachycarpus fortunei*). Sie hält für kurze Zeit Temperaturen bis zu minus 17 Grad Celsius stand. Das kommt nicht von ungefähr: Heimisch ist das Gewächs in China. Dort wächst die winterharte Palme in Regionen mit Frost und Schnee (Himalaya). Je nach Region benötigen aber auch winterharte Palmen einen geschützten Standort und einen leichten Nässe- sowie Winterschutz.

WAS IST ZU TUN?

RINDENMULCH
Bei längerem Bodenfrost den Wurzelbereich der Palme mit einer dicken Schicht Rindenmulch abdecken. Zusätzlich kann man ein Vlies um Stamm und Krone wickeln.

ACHTUNG
Es empfiehlt sich bei Dauerfrost, die Blätter vorsichtig mit einem Seil hochzubinden. So schützt man das Herz der Palmen und kann Schäden durch starken Wind oder hohe Schneelast verhindern.

MEIN TIPP
Damit die Hanfpalmen auch bei uns die kalten Monate gut überstehen, sollten sie prinzipiell an einen Standort gepflanzt werden, der vor Wind und Regen geschützt ist.

Welcher Tannenbaum soll es sein?

Erste Planung für Weihnachten

In den letzten Jahren hat sich die Nordmanntanne (*Abies nordmanniana*) zu Weihnachten in unseren Wohnzimmern breitgemacht, und gerade dieser Baum wird oft importiert, gezogen in Plantagen und unter Einsatz von viel Chemie. Diese Tannen sollten wenigstens mit dem FSC-Siegel gekennzeichnet sein, was den Verzicht auf chemische Pflanzenschutzmittel und mineralische Düngung gewährleistet. Es zeigt somit den Mindeststandard einer verantwortbaren Forstwirtschaft an.

WAS IST ZU TUN?

ALTERNATIVEN
Wenn ein Baum zu Weihnachten sein muss: nach einem Bio-Baumverkäufer suchen, bei dem man die Tanne noch selbst schlagen kann.

ACHTUNG
Bäume, die mit chemischen Mitteln behandelt wurden, dunsten diese meist im heimischen Wohnzimmer wieder aus.

MEIN TIPP
Ein Baum hält am längsten, wenn man ihn so lange wie möglich im Freien lagert.

Notizen, Ideen & Erfolge

....

....

....

....

Preiselbeeren pflanzen

Ein Heidekrautgewächs mit Früchten

Ist der November mild, können Preiselbeeren (*Vaccinium vitis-idaea*) noch in diesem Monat gepflanzt werden. Preiselbeeren stecken voller Vitamine und sind gesund. Sie schmecken aber nicht nur gut, sie sind auch noch attraktive immergrüne Zwergsträucher, die oft zweimal im Jahr blühen und wunderbare Bodendecker werden können. Für neue Triebe bilden sie unterirdische Ausläufer. Falls es schon sehr kalt sein sollte, heben Sie sich die Idee für das Frühjahr auf.

WAS IST ZU TUN?

LAUBKOMPOST
Etwas Laubkompost im Pflanzloch sorgt für den nötigen Säuregehalt des Bodens. Roh sind Preiselbeeren aufgrund ihres Säuregehalts kaum genießbar.

NEUE TRIEBE
Um die Neubildung von Trieben zu fördern, sollten die Zwergsträucher etwa 2 cm tiefer eingepflanzt werden, als sie zuvor im Kübel oder Topf standen.

MEIN TIPP
Da Preiselbeeren an Boden und Standort dieselben Ansprüche stellen wie Blaubeeren, sind sie perfekte Begleiter für diese.

Notizen, Ideen & Erfolge

....

....

....

....

Das Gewächshaus isolieren

Folien ohne Weichmacher

Da die Energiekosten in die Höhe schnellen, überlegt man zweimal, ob das Gewächshaus beheizt werden soll oder nicht. Grundsätzlich sollten wir uns um eine ordentliche Isolierung kümmern. Das ideale Isoliermaterial ist eine hoch lichtdurchlässige Luftpolsterfolie, auch Noppenfolie genannt, mit möglichst großen Luftpolstern. Die Folien gibt es je nach Hersteller als Rollenware in Breiten von zwei Metern, sie kosten etwa 2,50 Euro pro Quadratmeter und sind natürlich UV-stabil. Oft halten sie über zehn Jahre. Es gibt inzwischen schadstoffgeprüfte Folien ohne Weichmacher.

WAS IST ZU TUN?

LICHTDURCHLÄSSIG
Luftpolsterfolie wird verwendet, weil sie gut isoliert, aber auch sehr viel Licht durchlässt. Diese Kombination ist perfekt für Pflanzen im Gewächshaus.

ACHTUNG
Nur UV-stabile Noppenfolie nutzen. Die Folie, die zu Verpackungszwecken verwendet wird, zerfällt schon im ersten Jahr, da sie nicht UV-stabil ist.

MEIN TIPP
In kleinen Gewächshäusern kann man die Frostgefahr verringern, wenn man nachts Grabkerzen aufstellt. Diese haben eine lange Brenndauer.

Der geheimnisvolle Ginkgo-Baum

Ein lebendes Fossil

Der Ginkgo (*Ginkgo biloba*) gilt als das «älteste lebende Fossil» der Pflanzenwelt: Ginkgo-Bäume existieren schon über 200 Millionen Jahre. Vor allem in China haben sie seit alters her eine große Bedeutung in der Kunst, der Philosophie und der Heilkunde. Die ansprechende Gestalt und die besonderen Merkmale des Baums – das zweigeteilte Blatt, die Zweihäusigkeit (es gibt sowohl weibliche als auch männliche Pflanzen) und seine Wuchsform – machen ihn so einzigartig.

WAS IST ZU TUN?

WINTERHART
Der Ginkgo-Baum ist winterhart, er ist nur frostgefährdet, wenn er draußen in einem Kübel steht – aufgrund der ungeschützten Wurzelballen.

ACHTUNG
Kübelpflanzen ins Haus holen, sie sollten hell und kühl überwintern. Die Temperatur sollte 5 Grad Celsius nicht überschreiten, sonst treiben sie aus.

MEIN TIPP
Wer einen kleineren Garten oder nur eine Terrasse hat, sollte sich für eine schwachwüchsige Sorte entscheiden.

Notizen, Ideen & Erfolge

Weihnachtsbaum im Topf

Ein kleines Glücksspiel

Für die meisten ist ein Weihnachtsbaum ein Wegwerfartikel. Er wird kurz vor dem Fest geschlagen und meist am 6. Januar wieder entsorgt. Aber ist ein Weihnachtsbaum im Topf eine gute Alternative? Oft werden diese im Akkord gerodet, mit Trecker und Pflug, und meist werden sie schon weit vor den geschlagenen in den Baumärkten angeboten. Tannenbäume in Baumschul-Qualität werden dagegen oft zweimal verpflanzt, sodass sie einen schönen Ballen bekommen und sicher im Garten anwachsen. Mit getopften Weihnachtsbäumen muss man Glück haben

WAS IST ZU TUN?

EINGEWÖHNUNG
Ein Weihnachtsbaum im Topf muss sich akklimatisieren, zunächst für eine Woche in einen unbeheizten Wintergarten oder einen kühlen, hellen Raum stellen.

ACHTUNG
Auch nach dem Fest sollte der Baum wieder für einige Zeit in das Übergangsquartier ziehen, bevor er einen geschützten Platz auf der Terrasse erhält.

MEIN TIPP
Man kann den Nadelbaum problemlos in den Garten pflanzen, sollte ihn im nächsten Herbst aber nicht wieder in den Topf setzen.

DEZEMBER

Gärtnern nach dem Mond

Eine neue Herausforderung fürs nächste Jahr?

Bei einem Gärtnern nach dem Mond sind die Mondphasen entscheidend, sie bestimmen die Arbeiten im Garten. Die einfachste Regel: Was nach unten wächst, wird bei abnehmendem Mond gesät oder gepflanzt, was nach oben wächst, kommt bei zunehmendem Mond in den Boden. Das Wissen um die Kraft des Mondes ist uralt. Es geht zurück auf die alten Griechen und auf Menschen, die seit Generationen in Gartenbau und Landwirtschaft tätig waren und ihre Beobachtungen weitergaben.

WAS IST ZU TUN?

ABERGLAUBE?
Für das Gärtnern bedeutet der Vollmond, dass alles in Saft und Kraft steht. Pflanzen und Bäume sollten bei Vollmond nicht beschnitten werden, da ihnen Verletzungen dann sehr schaden können.

KRÄUTERKRAFT
Die Ernte von Kräutern ist bei Vollmond besonders günstig, da sie laut eingeschworenen Mond-Gärtnern jetzt ihre stärkste Heilkraft besitzen.

MEIN TIPP
Bevor man nach den Mondphasen gärtnert, hilft ein wenig Literatur: *Maria Thun, Gärtnern nach dem Mond. Aussaattage. Pflanzzeiten. Erntetage.* München 2020.

Notizen, Ideen & Erfolge

....

....

....

Misteln – eine alte Zauberpflanze

Zum trendigen Weihnachtsschmuck avanciert

Misteln (*Viscum*) wurden an Hauswände gehängt, um sich vor Feuer und bösen Geistern zu schützen. Die Druiden verwendeten sie als Heilpflanze. Die gelbgrünen Misteln mit den weißen Beeren leben als Schmarotzer auf winternackten Bäumen. Auf manchen Streuobstwiesen sind sie im Übermaß anzutreffen, sie bohren ihre Wurzeln in die Rinde und klauen den Bäumen Wasser und Nährstoffe.

WAS IST ZU TUN?

NÜTZLICH
Mistel-Brühe lässt sich gut einsetzen, um Pflanzen, die anfällig gegen Schädlinge und Pilzkrankheiten sind, zu stärken. Das sind besonders Rosen und Stauden.

MISTEL-BRÜHE
150 g frische oder 10 g getrocknete Mistelteile 24 Stunden in kaltes Wasser einweichen, dann aufkochen und 15 min sieden lassen. Nach Erkalten filtern, 1:3 verdünnt spritzen.

MEIN TIPP
Um die Misteln zu entfernen, sollte der Ast bis 50 cm ins gesunde Holz abgeschnitten werden, sodass sie nicht wieder ausschlagen können.

Notizen, Ideen & Erfolge

Vitaminbomben für den Winter

Sprossen selber ziehen

Keimsprossen selbst anzubauen ist leicht – und das Ergebnis ist nicht nur gesund, sondern auch lecker. Bei Keimsprossen handelt es sich um Keimlinge aus den Samen von Gemüse- und Getreidepflanzen. Das Großartige dabei: Die meisten der Mineralien, Vitamine und Aminosäuren bilden sich erst beim Keimen. Sobald sie mit Wasser und Wärme in Kontakt kommen, vervielfachen sich die Inhaltsstoffe in nur wenigen Stunden. Grund genug, Keimlinge möglichst oft zu essen. Es gibt Keimsprossen-Samen in verschiedenen Sortimenten zu kaufen.

WAS IST ZU TUN?

SPROSSENWAHL

Kresse, Sojabohnen, Weizen, Gerste, Roggen, Hafer, Lein, Rettich, Senf, Karotte und Buchweizen. Brokkoli-, Rucola- und Gartenkresse beinhalten Senföle, die ein Wachstum von Bakterien hemmen.

SPÜLUNG

Zum Keimen ist ein feuchtes Milieu notwendig, was die Bakterienbildung begünstigt. Die Keimlinge deshalb zweimal täglich mit lauwarmem Wasser durchspülen, um Schimmel zu verhindern.

MEIN TIPP

Die weißen Härchen im Wurzelbereich von Rettich- oder Kressesprossen sind kein Schimmel, sondern feine Wassersuchwurzeln. Bei wirklichem Schimmel befände sich dieser auf dem ganzen Samen, nicht nur im Wurzelbereich.

Ein schöner alter Brauch – Barbarazweige ins Haus holen

Ein gutes Omen fürs neue Jahr

Wer am 4. Dezember, dem Gedenktag der heiligen Barbara, einige Zweige vom Kirschbaum abschneidet und in eine Vase steckt, kann das Glück haben, dass sie zu Weihnachten blühen. Auch wenn man als Barbarazweige traditionell die von Kirschen oder Zierkirschen nimmt, so können es auch welche von Forsythien, Blutpflaumen, Mandelbäumen, Ginster, Zierquitte oder Schlehe sein. Aber mehrere Frostphasen sind schon nötig, damit das Antreiben gelingt.

WAS IST ZU TUN?

NACHHILFE
War es bislang sehr mild, muss man die Zweige in den Kühlschrank oder gar in die Tiefkühltruhe legen. Den Zweigen gaukelt man so einen Frühling vor.

POPULÄR
Die heilige Barbara war eine christliche Märtyrerin aus dem 3. Jahrhundert, Schutzpatronin der Gefangenen und Sterbenden. Sie wurde von ihrem Vater enthauptet.

MEIN TIPP
Zweige nach dem Schnitt mit einem Hammer im unteren Bereich anklopfen, so kann Wasser besser aufgenommen werden.

Notizen, Ideen & Erfolge

Wenn ein Baum gefällt werden muss

Bäume stehen unter einem besonderen Schutz

Muss ein Baum im Garten gefällt werden, weil er zu groß, zu alt oder krank geworden ist und eine Gefahr darstellt, sollte das auf jeden Fall in der kalten und dunklen Jahreszeit passieren. Alle Blätter sind abgefallen, und Äste und Stamm selbst sind trocken. So kann der Baum auch verwertet und nicht nur entsorgt werden – nämlich als wertvolles Brennholz. Obwohl das Holz nach dem Fällen schon trocken ist, sollten die Scheite idealerweise ein bis zwei Jahre gelagert werden, um ihren maximalen Brennwert zu erreichen.

WAS IST ZU TUN?

SÄGEKETTENÖL
Egal ob Motorketten- oder Elektrokettensäge – immer Bio-Kettenöl benutzen. Es ist vollständig biologisch abbaubar.

EXPERTENRAT
Ist der Baum sehr groß oder steht an einer schwierigen Stelle, sollte man sich fachkundige Hilfe holen.

WISSENSWERT
Laub- und Nadelbäume stehen unter Schutz, dieser ist vom Stammumfang abhängig: Meist greift er ab 80 cm Umfang in einer Höhe von 1 Meter.

Mimose – eine Pflanze für Kinder

Bei Berührung klappen die Blätter zusammen

Weil viele Eltern keinen Garten haben, in dem Kinder erste Erfahrungen mit der Pflanzenwelt machen könnten, sind Zimmerpflanzen eine gute Alternative. Kinder lernen durch sie, wie zerbrechlich unsere Pflanzenwelt sein kann und wie lohnenswert es ist, sie zu schützen. Sie erfahren, wie Pflanzen sich verändern – und das einzig und allein durch die eigene fürsorgliche Pflege. Oder durch Berührung der Blätter wie bei der Mimose (*Mimosa pudica*).

WAS IST ZU TUN?

ZUSCHNAPPEN
Die gefiederten Blätter der Mimose begeistern – sie zeigen Kindern, dass Pflanzen mehr können als nur wachsen und blühen. Auch spannend: eine Venusfliegenfalle.

KEIN SALAT
Pflanzen in den Händen von Kindern sollten auf keinen Fall giftig sein. Und Kinder sollte man darüber aufklären, dass sie ihren Salatbedarf anderweitig decken sollten.

MEIN TIPP
Gehen Sie mit Ihrem Kind in Gärtnereien oder Gartencenter, um sich gemeinsam über Pflanzen zu informieren. Lassen Sie Ihr Kind entscheiden, welche Pflanze es haben möchte.

Notizen, Ideen & Erfolge

....

....

....

Filzpantoffeln für Zimmerpflanzen

Gegen kalte Füße

Auf so mancher Fensterbank droht Pflanzen schnell der Kältetod. Erst recht, wenn diese aus den Tropen stammen. Denn wer denkt, dass ihnen hinter den dicken Fensterscheiben nichts passieren kann, wird schnell eines Besseren belehrt. Blätter, die unmittelbar an der Glasfläche kleben, können bei frostigen Außentemperaturen erfrieren – 2 cm Abstand können da Leben retten. Auch die Steinfensterbank macht kalte Füße. Damit die Wurzeln es mollig warm haben, sind Filzunterlagen unter dem Topf die Alternative zu Pantoffeln.

WAS IST ZU TUN?

PINIENMULCH
Pflanzen nie direkt auf die Fensterbank stellen, sondern nur mit einem Untersetzer. Pinienmulch darin sorgt für eine natürliche Isolierschicht.

EMPFINDLICH
Viele Trendpflanzen, so die Pfeilblätter (*Alocasia*), die Ufopflanze (*Pilea*) oder die Korbmarante (*Calathea*), werden anfällig bei kühlen Fensterbänken.

MEIN TIPP
Tropische Pflanzen immer vor frostigen Temperaturen schützen. Sie müssen auch geschützt sein, wenn an kalten Tagen gelüftet wird.

Noch immer kann gepflanzt werden

Hochbeet auf Rollen

Wenn im Dezember der Boden noch nicht gefroren und die Lust groß ist, im Garten zu arbeiten, dürfen noch Gewächse gepflanzt werden. Für eine Freilandaussaat eignet sich das Stangengemüse Rhabarber, für eine Vorkultur die Steckrübe. Obstgehölze kann man ebenfalls noch pflanzen oder umsetzen, ebenso Heidelbeere oder Sanddorn. Vielleicht gibt es auch ein Hochbeet, das als Wärmespeicher vor Frost schützt. Meist ist es hier fünf Grad wärmer als in der Umgebung, besonders wenn das Hochbeet Rollen hat.

WAS IST ZU TUN?

AUSEINANDER
Zu eng stehende Pflanzen lassen sich jetzt gut umsetzen. Auch eine Pflanze, die aus Nachbars Garten verbannt wurde, findet im eigenen sicher ein neues Zuhause.

ACHTUNG
Bei Umpflanzungen dafür sorgen, dass genug Wurzeln am Ballen bleiben. Auch im Dezember gut angießen, damit die Wurzeln einschlämmen und Bodenschluss bekommen.

MEIN TIPP
In den Vorweihnachtstagen lässt sich in Baumschulen, wo gerade keine Hochsaison ist, das eine oder andere Schnäppchen machen.

Hausbesuch bei kranken Pflanzen

Wenn man sich keinen anderen Rat weiß

Im Garten, im Gewächshaus, im Wintergarten oder in den eigenen Wohnräumen blüht und gedeiht nicht immer alles so, wie man es sich wünscht. Hier komme ich ins Spiel, als Pflanzenarzt. Schädlinge und Pflanzenkrankheiten sind mein Spezialgebiet. Mit meiner mobilen Pflanzenapotheke und viel Einfühlungsvermögen kann ich vielen grünen Patienten helfen – und eben fast immer ohne Chemie! So sorge ich dafür, dass Ihre Schützlinge gesund bleiben.

WAS IST ZU TUN?

TELEFON
Wer eine Erste Hilfe für die eigenen Pflanzen braucht, kann mich anrufen und einen Termin vereinbaren: 0 53 34/750 38 24.

PERSÖNLICH
Wer Tipps und Tricks braucht: Es gibt kostenlose Sprechstunden in der Pflanzenklinik in Kissenbrück, «Hinter der Eulenburg».

DIGITAL
Wer nicht weiter weiß: Ich halte jede Woche eine Online-Sprechstunde auf Facebook und YouTube.

Notizen, Ideen & Erfolge

So nadelt der Tannenbaum nicht so schnell

Je frischer der Baum, desto länger bleibt er grün

Im Warmen nadeln Weihnachtsbäume schon nach wenigen Tagen. Bis zum Aufstellen kühl und dunkel lagern. Am besten in einem Keller, in der ungeheizten Garage oder im Freien. Wichtig ist, den Baum nur langsam an wärmere Temperaturen zu gewöhnen, schnelle Temperaturwechsel können ebenfalls zum plötzlichen Austrocknen führen. Draußen nicht ins Wasser stellen, da der Baum bei kühlen Temperaturen kein Wasser aufnehmen kann. Und sollte es Frost geben, friert der Baum im Eimer fest.

WAS IST ZU TUN?

DEKO-FRAGE
Um den Weihnachtsbaum länger frisch zu halten, kann es helfen, die Zweige einmal am Tag mit Wasser zu benetzen – wenn es die Deko mitmacht.

WASSER-FRAGE
Ein frischer Baum benötigt in der Wohnung gut 1 l Wasser am Tag. Normales Leitungswasser reicht völlig aus. Alternativ kann man ihn auch in feuchte Erde stellen.

MEIN TIPP
Tannen nadeln nicht so schnell wie Fichten. Der beliebteste Baum ist auch der robusteste: die Nordmanntanne.

Christusdorn hat jetzt Hochkonjunktur

Man kann ihn auch ohne religiösen Bezug schön finden

Der Christusdorn (*Euphorbia milii*) ist eine Pflanze mit einem biblischen Namen, seine Dornen sollen an die Dornenkrone von Jesus erinnern. Beliebt ist der Christusdorn aber wegen seiner hübschen leuchtend roten oder weißen Scheinblüten. Wie der Weihnachtsstern ist er eine Kurztagespflanze. Tage mit höchstens zehn Stunden Licht sind für ihn das Signal, eine Blüte zu bilden. Ein übergestülpter schwarzer Eimer am Abend ist da sehr hilfreich, damit er zur Blüte kommt.

WAS IST ZU TUN?

PFLEGEFALL
Nicht zu viel gießen, denn dann beginnen die Wurzeln zu faulen, und die Pflanze wirft die Blätter ab. Ist ihr zu kalt, reagiert sie ähnlich.

GIFTIGER WOLF
Der Christusdorn ist ein Wolfsmilchgewächs – bei der kleinsten Verletzung lässt er milchig-weißen Pflanzensaft hervortreten. Der ist giftig.

MEIN TIPP
Reduziert man im Herbst schrittweise die Gießmenge und leitet so die Trockenruhe ein, entwickeln sich die Blüten. Sobald die Pflanze blüht, eher kühl stellen.

Notizen, Ideen & Erfolge

....

....

....

Blutbuche und Rotbuche

Ein Spiel der Natur

Rotbuchen (*Fagus sylvatica*) und Blutbuchen (*Fagus sylvatica f. purpurea*) gehören beide zur Familie der Buchengewächse. Der Unterschied: Die Rotbuche trägt ihren Namen nicht aufgrund ihrer Blätter, sondern aufgrund des leicht rötlichen Holzes und der Knospen, die im Austrieb eine leicht rote Farbe zeigen. Die Blut- oder Purpurbuche hat ebenfalls ein rötliches Holz und rötliche Blattknospen, zusätzlich sind ihre Blätter blutrot, wenn sie sich entfaltet haben. Warum ist das so? Die Blätter der Blutbuche enthalten einen roten Farbstoff, Cyanidin, der die Blätter färbt. Bei der Rotbuche tüncht das Chlorophyll die Blätter grün.

WAS IST ZU TUN?

HOHE HECKE
Buchen eignen sich auch als relativ schmale Hecken, die eine schöne Höhe erreichen. Optimal ist ein durchlässiger, nährstoffreicher Boden mit hohem Lehmanteil.

EWIGES LAUB
Rot- und Blutbuche werfen über den Winter das vertrocknete Laub meist nicht ab. Sie bieten somit in der dunklen Jahreszeit einen guten Sichtschutz. Das Laub fällt erst, wenn der neue Austrieb kommt.

MEIN TIPP
Eine Hainbuche kommt selbst mit überwiegend schattigen Plätzen zurecht. Sie ist aber erheblich teurer als eine Rot- oder Blutbuche und lässt das Laub fallen, sodass man durch sie hindurchblicken kann.

Die Thuja sieht verrostet aus

Normale Winterfärbung

Nimmt die Thujahecke plötzlich einen rostbraunen Farbton an, muss man nicht in Panik verfallen, das ist oft eine ganz normale Winterfärbung. Rostfarbenes Laub zeigen vor allem der Abendländische Lebensbaum (*Thuja occidentalis*) und der Riesen-Lebensbaum (*Thuja plicata*). Die Zuchtformen ‹Brabant›, ‹Columna› und ‹Holstrup› verfärben sich weniger stark, die Sorte ‹Smaragd› behält auch bei starkem Frost ihren frischgrünen Farbton. Die bräunliche Farbe der Thujas ist eine Anpassung an die extrem kalten und trockenen Winter in ihrer nordamerikanischen Heimat und sorgt für eine geringere Verdunstung.

WAS IST ZU TUN?

WIEDER GRÜN
Bei der natürlichen Winterfärbung braucht man nur auf den Frühling zu warten, dann kommt die grüne Farbe wieder.

STREUSALZ
Eine braune Färbung kann aber auch durch Streusalz entstehen. Oft fängt es in einem solchen Fall im Bodenbereich an.

MEIN TIPP
Selbst bei großer Trockenheit ist es ratsam, die Thuja zu gießen. Ein Abdecken mit Rindenmulch schützt sie, wenn der Winter trocken ist.

Notizen, Ideen & Erfolge

....

....

....

Winterharte Pflanzen überleben nicht

Immergrün ist nicht immer grün

Auch wenn die Bezeichnung etwas anderes vorgibt und leicht irreführend ist: Viele immergrüne winterharte Balkon- und Terrassenpflanzen benötigen in sehr kalten Wintern eine Art Schutz. In der Natur, im Boden gewachsen, sind sie absolut winterhart, aber im Topf friert die Wurzel oft durch. Doch die Kälte ist nicht das größte Problem, im Winter richtet die Sonne leider den größten Schaden an. Wichtig ist ein regen- und windgeschützter Standort, am besten dicht an der Hauswand.

WAS IST ZU TUN?

JUTESCHUTZ
Winterharte Pflanzen sollte man mit Jute vor der Wintersonne schützen. Zudem sorge ich dafür, dass sie einen Schluck Wasser bekommen.

ACHTUNG
Alle immergrünen Pflanzen verdunsten im Winter bei Sonne Wasser. Doch ist der Topf durchgefroren, können sie kein neues Wasser aufnehmen. Im Frühjahr werden sie dann braun.

MEIN TIPP
Bambus, Glanzmispel, Kirschlorbeer, Zwergkiefer, Feuerdorn, Christrose oder Lavendel bieten im Winter auf dem Balkon oder der Terrasse ein grünes «Vorzimmer».

Notizen, Ideen & Erfolge

....

....

....

Schottergärten sind nicht angesagt

Trostlose Steine

Seit einigen Jahren greift der Trend «Schottergarten» um sich: Gartenbesitzerinnen und Gartenbesitzer setzen auf Schotter statt auf Pflanzen. Die Gründe dafür sind oft weniger Pflegeaufwand – vielen fehlt einfach die Zeit, oder sie sind körperlich nicht mehr in der Lage, sich um einen Garten zu kümmern. Was viele nicht wissen: Ein Schottergarten ist keineswegs besonders pflegeleicht. Auch ist er nicht kostengünstig oder langlebig. Biologisch gesehen sind viele dieser Gärten zudem tot, denn sie bieten den meisten Tieren und Pflanzen weder Nahrung noch Lebensraum.

WAS IST ZU TUN?

LEBEN IM BEET
Bei einem leblosen Schotterbeet den fehlenden Feinkornanteil erhöhen und Kompost beigeben. So entsteht ein pflegeleichter Ort für Insekten.

ACHTUNG
Schottergärten werden von immer mehr Kommunen als teil- beziehungsweise vollversiegelt eingestuft. Je nach Abdichtung können Gebühren für abfließendes Regenwasser anfallen.

MEIN TIPP
Ein echter Steingarten ist akzeptabel. Dabei handelt es sich um einen Garten, der einer Gebirgslandschaft nachempfunden ist und entsprechende Pflanzen beheimatet.

Winterkräuter für den Balkon

Welche Sorten kann ich draußen ziehen, welche besser reinholen? Heimische Kräuter wie Schnittlauch, Pfefferminze, Sauerampfer, Liebstöckel, Petersilie, Bohnenkraut oder auch Salbei sind winterhart und können im Freien bleiben. Auch einige mediterrane Kräuter wie Thymian, Rosmarin, Lavendel und Oregano sind winterhart. Das beliebte Basilikum sollte früh im Warmen stehen, sonst ist es schnell vorbei mit ihm. Dank kostengünstiger LED-Pflanzenlichter stehen Kräuter wie Basilikum, Petersilie oder Schnittlauch bei uns auch im Winter auf der Küchenfensterbank.

WAS IST ZU TUN?

BASILIKUM
Basilikum braucht mindestens 18 Grad Celsius und sollte regelmäßig mit Dünger versorgt werden.

TOPFGESCHICHTE
Am besten Basilikum gleich nach dem Kauf teilen und in frische Erde topfen, so hat man lange Freude an dem schmackhaften Kraut.

MEIN TIPP
Von Minze, Zitronenmelisse oder Oregano vor dem Winter die gesunden Blätter ernten und trocknen.

Notizen, Ideen & Erfolge

....

....

....

....

Was ist zu pflanzen, damit es im Frühling schön blüht?

Nicht mit Blumenzwiebeln sparen

Da bin ich vielleicht ein wenig altmodisch, aber im Dezember (und Januar) lassen sich, wenn der Boden nicht gefroren ist, Hornveilchen oder Stiefmütterchen pflanzen. Ich persönlich bevorzuge Hornveilchen, denn diese blühen das ganze Jahr durch. Auch vorgezogene Zwiebelblumen wie Narzissen, Tulpen oder Hyazinthen können jetzt in die Erde gesetzt werden. Diese legen einfach eine Pause ein und blühen passend mit der ersten Frühlingssonne.

WAS IST ZU TUN?

BLUMENKÖRBE
Blumenzwiebeln sollte man am besten in Körbe pflanzen, um sie vor Wühlmäusen zu schützen.

ACHTUNG
Blumenzwiebeln lassen sich nicht übers Jahr hinweg lagern. Sie vertrocknen und können dann nur entsorgt werden.

MEIN TIPP
Mit den letzten Zwiebeln Blumenschalen bestücken und unter eine Laubschicht setzen. Mitte März können diese ins Haus zum Vortreiben gebracht werden.

Trockene Heizungsluft

Warum ist trockene Luft ein Problem für Zimmerpflanzen?
Eine niedrige Luftfeuchtigkeit, die durchs Heizen entsteht, führt dazu, dass sowohl die Erde der Zimmerpflanzen als auch ihre Blätter austrocknen. Die Pflanzen können unter anhaltender Trockenheit derart leiden, dass ihre Blätter langsam welken und sich verfärben, schlussendlich fallen sie ab. Pflanzen in warmen Räumen, also während der Heizperiode, benötigen daher ausgiebig Wasser. Direkt über der Heizung ist auch kein ratsamer Pflanzenplatz.

WAS IST ZU TUN?

SPRÜHTECHNIK
Regelmäßiges Besprühen der Blätter mit kalkfreiem und abgestandenem Wasser hilft den Pflanzen, besser mit der trockenen Luft klarzukommen.

LÜFTEN
Immer wieder lüften, das sorgt für den Sauerstoffaustausch, gleichzeitig beugt es einer Schimmelbildung vor.

MEIN TIPP
Eine alte und einfache, aber bewährte Methode: Schalen mit Wasser über die Heizung stellen, sodass dieses verdunstet.

Notizen, Ideen & Erfolge

....

....

....

....

Thripse auf dem Vormarsch

Haarfransen an den Flügeln

Oft bemerkt man von den Thripsen, auch Fransenflügler (*Thysanoptera*) genannt, anfangs nur die kleinen schwärzlichen Kottropfen, die an den Blattunterseiten und teilweise auch auf der Fensterbank zu finden sind. Der eigentliche Schaden zeigt sich erst allmählich. Thripse stechen mit ihren Mundwerkzeugen nämlich die einzelnen Pflanzenzellen an und saugen sie aus. In die zerstörten Zellen dringt Luft ein, was diese Bereiche zunächst silbrig schimmern lässt. Später vertrocknen die befallenen Stellen. An Blüten und Früchten treten oftmals Verkrüppelungen auf. Thripse sind auch als Virusüberträger gefährlich.

WAS IST ZU TUN?

SPRITZBRÜHE
Rapsöl und Wasser helfen – dieses Gemisch zweimal im Abstand von zwei Wochen tropfnass auf die Pflanzen spritzen. Nur die von der Brühe getroffenen Schädlinge sterben ab.

KÄLTETOD
Pflanzen kühl stellen. Thripse sterben, wenn sie zehn Wochen bei 5 Grad Celsius aushalten müssen. Geht aber nicht bei tropischen Pflanzen, sie vertragen die Kälte nicht.

MEIN TIPP
Klebrige Blautafeln an den Zimmerpflanzen locken Thripse an und fangen sie weg – so kann man auch immer feststellen, wie groß der Befall ist.

Hackschnitzel aus Eiche als Bodenbelag

Ein gut riechender Gartenweg

Die anbrechenden Wintermonate sind eine gute Möglichkeit, um sich Gedanken über die Weggestaltung im Garten zu machen. Meist gibt es herkömmliche Steinwege. In einem Bauerngarten wird oft alles durch schnurgerade Wege und akkurate Beeteinfassungen im Zaum gehalten, um ein wildes Durcheinander zu verhindern. Auf den Wegen muss auch immer Platz für ein Durchfahren mit der Schubkarre sein. Alternativ kann man die Wege mit Holzhackschnitzeln belegen, es ist in jedem Fall eine Überlegung wert, dieses Material in die Gartengestaltung einzubeziehen.

WAS IST ZU TUN?

GERBSTOFFE
Eichenrinde oder Eichen-Hackschnitzel sind lange haltbar und verrotten nicht so schnell. Gleichzeitig unterdrücken sie durch Gerbstoffe ungewollte Pflanzen.

ACHTUNG
Zum Abdecken von Pflanzbeeten ist Eichenrinde eher mit Vorsicht zu genießen, viele Pflanzen reagieren empfindlich auf die Gerbsäure.

MEIN TIPP
Alternativ empfehle ich Kiefernrinde, diese ist oft wesentlich billiger, hält dafür allerdings häufig nur ein Drittel der Zeit.

Finstere Zeiten

Gesund und grün durch die dunkle Jahreszeit

Der kürzeste Tag des Jahres ist der 21. Dezember. An ihm herrschen rund 15 bis 17 Stunden Finsternis. Pflanzen sind dann – wie wir Menschen – anfällig für lichtbedingte Depressionen und Stimmungsschwankungen, inklusive diverser «Verschnupfungen». Zug und durch die Heizung aufgewirbelte Luft machen unseren Zimmerpflanzen das Leben schwer. Pflegefehler der Menschen tun dann ihr Übriges dazu.

WAS IST ZU TUN?

KAKTEEN
Pflanzen aus den Wüsten und Steppen, die Licht und Sonne gewöhnt sind, leiden momentan sehr, dazu gehören Kakteen. Auch hier können Pflanzenleuchten helfen.

ACHTUNG
Einige Pflanzen aus den tropischen Wäldern wie das Fensterblatt oder Philodendron kommen erstaunlicherweise ganz gut mit der langen Dunkelheit zurecht.

LEIDENSGENOSSE
Selbst ein Schattenspezialist wie der Efeu sehnt sich nach Licht, ihm geht's nicht besser als uns Menschen.

Notizen, Ideen & Erfolge

....

....

....

....

Holz gegen Schädlinge und Blähungen

Gesammelt und in Stücke gehackt

Quassiaholz («Fliegenholz», *Quassia amara*), auch Bitterholz genannt, kommt in Nord-Brasilien, Mexiko und West-Indien vor. Es enthält geruchlose Bitterstoffe, die Quassinoide. Die Menschen in den dortigen Regionen nutzen das Holz gegen Magenbeschwerden, Bandwürmer und Fieber. Neben dem Neembaum dient das Quassiaholz der Gesunderhaltung von Pflanzen. Seine Bitterstoffe werden als natürliches Insektizid gegen Blattläuse, Sägewespen, Kartoffelkäfer, Wicklerraupen, Apfelblütenstecher und Kirschfruchtfliegen eingesetzt.

WAS IST ZU TUN?

BITTERE BRÜHE
150 bis 250 g Bitterholz mit 2 l Wasser übergießen. 24 Stunden ziehen lassen, danach eine halbe Stunde kräftig aufkochen. Bitterholzbrühe wird mit 10 l Wasser verdünnt.

ACHTUNG
Die Bitterholzbrühe sollte nur in Notfällen angewendet werden, da auch Nützlinge darauf reagieren.

MEIN TIPP
Die Quassia-Brühe hält einige Monate. Das Bitterholz kann nach dem Kochen wieder getrocknet und zwei-, dreimal wiederverwendet werden.

Zimtbaum als Zimmerpflanze

Zimt nicht nur im Gewürzregal, sondern auch auf der Fensterbank

Zimt ist nicht nur ein beliebtes Gewürz und Naturheilmittel, sondern auch eine hübsche Pflanze. Das Gewürz wird aus der Rinde des tropischen Zimtbaums (*Cinnamomum verum*) gewonnen, die sich beim Trocknen zu den uns bekannten Zimtstangen aufrollt. Werden sie gemahlen, erhält man Zimtpulver. Zimtsamen sind selten, aber wer sie bekommt, kann sie in einem Topf im Badezimmer ziehen. Zimtbäume lieben hohe Feuchtigkeit, deswegen ist dieser Standort günstig.

WAS IST ZU TUN?

SCHIMMEL

Zimt auf der Blumenerde hilft gegen Schimmel. Einige Insekten, Kaninchen oder Maulwürfe können mit dem weihnachtlichen Gewürz nur wenig anfangen.

ZYKLUS

Wer Schädlinge loswerden möchte, greift also ins Gewürzregal und streut das aromatische Pulver auf die Erde. Der Zyklus kleiner Flugtiere wird so unterbrochen, ihr Ausschlüpfen verhindert.

MEIN TIPP

Zimt (gemahlen oder als Öl) vergrämt Ameisen, sie rümpfen bei seinem Geruch die Nase. Ameisen sollen über einen ebenso hervorragenden Geruchssinn verfügen wie Hunde.

Notizen, Ideen & Erfolge

....

....

....

Frohe Weihnachten

Meine Weihnachtswünsche

Ein Gartentipp für jeden Tag.
Blumen, die ein jeder mag.
Natur, die wir alle sehen.
Pflanzen, die uns Freude bringen.
Gärten, für alle offen.
Die Welt ist froh und unverdrossen.
Dann ist Feiertag das ganze Jahr.
Ich wünsch Ihnen, dieser Traum wird wahr.

WAS IST ZU TUN?

FEST-BLÜTEN
Diese Pflanzen gehören zu Weihnachten wie Zimtsterne und Christstollen: Amaryllis, Weihnachtsstern und Stechpalme. Sie verbreiten Vorfreude auf das nächste Pflanzenjahr.

GLITTER
Manche Floristen und Floristinnen besprühen den Weihnachtsstern mit Glitzerpartikeln – das ist wohlmeinend, aber doch etwas unnatürlich.

MEIN TIPP
Ganz adrett im Weihnachtswohnzimmer sehen Alpenveilchen aus, in reinem Weiß, in Rosa oder Violett, ob einfach, gefüllt oder gerüscht. Sie sind verlässlich – was will man mehr.

Viele rote Winterfreuden

Schmackhafte Tafeläpfel

Als Weihnachtsäpfel, Nikolausäpfel oder Christkindler bezeichnete man Sorten mit attraktiven kleinen bis mittelgroßen, kräftig rot gefärbten Früchten, die sich bis ins neue Jahr lagern lassen. Die Erntezeit beginnt Anfang September. Bis Mitte Januar sind die Äpfel genussreif, danach werden sie oft mehlig. Typische Winterapfelsorten sind: Roter Eiserapfel, Borsdorfer Apfel, Finkenwerder Herbstprinz, Glockenapfel, Gloster, Ontarioapfel, Rheinischer Bohnapfel und Altländer Pfannkuchenapfel, Berlepsch, Rote Sternrenette und Topaz.

WAS IST ZU TUN?

BOSKOP
Aufgrund seines festen, groben und saftigen Fruchtfleischs, des intensiven, fruchtig-herben Aromas und seines hohen Säuregehalts hat der Boskop alles, was ein Backapfel haben sollte.

ALLERGIKER
Alte Sorten wie Alkemene, Eifeler Rambur, Goldparmäne oder Roter Boskoop können Allergiker oft ohne Probleme genießen.

BRATAPFEL
Sorten wie Berlepsch, Jonagold, Cox Orange oder Gravensteiner eignen sich ebenfalls für das fruchtige Geschmackserlebnis aus dem Ofen.

Notizen, Ideen & Erfolge

....

....

....

Orangenbaum als Zimmerpflanze

Braucht viel Platz

Wer sich eine flott wachsende Zitrusfrucht anschaffen möchte (sie kann rasch 2 m erreichen), dem empfehle ich einen Orangenbaum (*Citrus x sinensis*). Orangenbäume sind selbstfruchtbar, sie benötigen also keinen Partner, um Früchte auszubilden. Die etwa handgroßen Orangen, die sich im Spätsommer und Herbst entwickeln, haben eine dicke Schale, die innen weiß ist und sich außen bei der Reifung in der kühlen Jahreszeit orange verfärbt.

WAS IST ZU TUN?

WINTERGARTEN
Im Wintergarten oder in einem hellen Wohnraum kann der Orangenbaum im Topf gut gedeihen. Dann ist aber auf eine hohe Luftfeuchtigkeit zu achten (besprühen).

KALZIUM
Zitruspflanzen benötigen viel Kalzium, das sich über hartes, kalkhaltiges Leitungswasser zuführen lässt. Überschüssiges Wasser muss gut ablaufen können, denn Staunässe bewirkt die Wurzelfäule.

IMMERGRÜN
Die Blätter des Orangenbaums dürfen auch mal fallen, denn diese erneuern sich alle zwei Jahre – obwohl es ein immergrüner Baum ist.

Notizen, Ideen & Erfolge

....

....

....

Der Duft des Jasmin lässt gut schlafen

Aromatherapie für gestresste Nerven

Schon länger ist bekannt, dass Zimmerpflanzen das Raumklima verbessern und sogar Umweltgifte aus der Luft binden können. Doch welche Pflanze schafft es, dass man besser ein- und durchschläft? Die Antwort: Jasmin (*Jasminum polyanthum*), er ist Balsam für die Nerven. Sein Duft ist wohltuend und besänftigt gestresste Nerven. US-amerikanische Forscher haben nachgewiesen, dass der Duftstoff Vertacetal-couer eine Art Narkotikum ist.

WAS IST ZU TUN?

STANDORT
Jasmin ist nicht winterhart und muss deshalb die kalte Jahreszeit im Haus verbringen. Im Sommer fühlt er sich auf dem Balkon oder der Terrasse sehr wohl.

ACHTUNG
Der Jasminum sollte nicht verwechselt werden mit dem Duftjasmin, auch Falscher Jasmin (*Philadelphus*) genannt, dieser ist ein winterhartes Gartengehölz.

MEIN TIPP
Jasmin mit seinen schönen weißen Blüten wirkt schon bei seinem Anblick beruhigend. Manchmal wissen das auch Blattläuse zu schätzen. Da hilft eine Mischung aus Wasser und Rapsöl.

Pflanzen sind entspannter als wir Menschen

Von der Natur lernen

Nichts, was im Garten oder bei den Pflanzen zu finden ist, ist nutzlos. Das ist nur unsere Sichtweise. Pflanzliche Gewächse leben nämlich ganz gut mit fresswütigen Feinden und haben im Laufe der Evolution einfallsreiche Systeme entwickelt, um sich gegen alle möglichen Plagegeister zu schützen. Nehmen wir uns diese zum Vorbild, so können wir naturnah gärtnern, und zwar das ganze Jahr hindurch. Denn: Ein Schädling ist nicht nur ein Schädling, sondern immer auch ein Nützling.

WAS IST ZU TUN?

KULTIVIERT
Kultivierte Pflanzen leben nicht so wie in der Natur, doch man kann sie naturnah zusammenstellen. Und ihnen bei einem Schädlingsbefall unter die Arme greifen.

ACHTUNG
Eine geänderte Sichtweise kann uns ganz neue Möglichkeiten eröffnen, mit der Natur und nicht gegen sie zu arbeiten.

MEIN TIPP
Wie Sie dabei vorgehen können, zeige ich in meinem Buch: *Der Pflanzenarzt. Mein großes Praxisbuch für Garten und Balkon.*

Notizen, Ideen & Erfolge

Christrosen stellen jedes Rot in den Schatten

Sie scheinen den Frühling vorwegzunehmen

Die Christrose (*Helleborus niger*) wird auch Schneerose oder Nieswurz genannt und begeistert mit ihren reinweißen großen Blüten. Wegen ihrer Blütezeit um Weihnachten ist *Helleborus niger* aber die einzig wahre Christrose. Oftmals werden auch andere Helleborus-Arten als Christrosen bezeichnet, diese Lenzrosen blühen aber eher im Frühjahr. Die Christrose ist winterhart, und an einem alkalischen bis neutralen Standort mit hohem Kalkgehalt fühlt sich die Staude wohl. Gepflanzt wird, solange der Boden noch offen ist.

WAS IST ZU TUN?

HOCHGEZÜCHTET
Im Handel gibt es jetzt viele Christrosen zu kaufen, vielfach sind sie hochgezüchtet und beginnen schnell im Innern zu verfaulen.

WASSERFLUT
Zu viel Wasser mögen Christrosen nicht, «nasse Füße» führen zu Wurzelfäulnis, und die Pflanze stirbt ab. Verhindern lässt sich das mit einer Drainageschicht.

MEIN TIPP
Im Dezember sollte man das alte Laub entfernen. So kommen die hübschen Blüten besser zur Geltung, und der frische Laubaustrieb kann sich entfalten.

Glücksklee ist für viele eine Eintagsfliege

Er kann um ein Vielfaches größer werden

Der Glücksklee (*Oxalis tetraphylla*) ist mit dem Klee im Rasen nicht verwandt, sondern mit dem Roten Sauerklee. Er ist eine mehrjährige Zwiebelpflanze. Die Zwiebel wächst unterirdisch und ist nicht zu sehen. Zu Silvester verschenkter Glücksklee lässt in der Wohnung oft schon nach kurzer Zeit die Blätter hängen und wird dann meist weggeworfen. Glücksklee im Topf will an einem hellen, aber kühlen Platz bei 10 bis 15 Grad Celsius stehen. Trockene Heizungsluft mag er nicht, Licht hingegen kann er nicht genug bekommen.

WAS IST ZU TUN?

TOTGEGOSSEN
Glücksklee verträgt nicht viel Nässe, oft wird er deshalb totgegossen. Es reicht, ihn sparsam zu gießen, wenn die oberste Erdschicht trocken ist.

ZWIEBELLEBEN
Während seiner Ruhepause von März bis April noch weniger gießen. Soll er als Zwiebel überwintern, muss im Spätsommer das Gießen ganz eingestellt werden.

MEIN TIPP
Vor dem ersten Frost sollte der aus Mexiko stammende Glücksklee ins Haus geholt werden. Wenn er es dann bis zum Sommer wieder geschafft hat, haben Sie viel Glück gehabt.

Ein gutes neues Jahr

Ausklang

Das neue Jahr liegt vor uns, die letzten 365 Kalendertage sind Vergangenheit. Morgen fängt alles wieder von vorne an. Ich wünsche Ihnen, dass Sie jede Seite dieses Kalenders abermals mit überraschenden Erkenntnissen, spannenden Erlebnissen und glücklichen Momenten füllen können. Und vergessen Sie nicht: Haben Sie Respekt vor allen pflanzlichen und tierischen Gefährten, wir alle sind voneinander abhängig, ob groß oder klein. *René Wadas*

WAS IST ZU TUN?

MUSSEZEIT
Zum Glück muss man am Anfang eines Jahres gar nicht viel tun, vieles wächst von ganz allein.

WUNSCHLISTE
Ich selbst wünsche mir, im neuen Jahr wieder mehr wollen zu können und weniger zu müssen.

LEBENSMOTTO
«Es ist von grundlegender Bedeutung, jedes Jahr mehr zu lernen als im Jahr davor.» Das sagte einmal Peter Ustinov – und ich finde, er hat so recht.

Notizen, Ideen & Erfolge

....

....

....

....

....

Weitere Titel

Der Pflanzenarzt

Der Pflanzenarzt: Ein gesunder Garten ohne Chemie

Der Pflanzenarzt: Glückliche und gesunde Zimmerpflanzen

Hausbesuch vom Pflanzenarzt